高等职业教育“十三五”规划教材

工科类汽车、机电、农机系列规划教材

农机运用与管理

路红波　主编

中国农业大学出版社
·北京·

内 容 简 介

本教材共分 9 大模块内含 22 个项目。模块一　走进农业机械化；模块二　农机配备与配套，包括农业机械选型和农业机械配备 2 个项目；模块三　农业机械机组，包括农业机械机组应用、认知机组的主要性能与认知农机具的阻力 3 个项目；模块四　田间农业机械化作业与管理，包括农业机械作业计划的制定、农业机械标准化作业和认知农业技术和田间作业 3 个项目；模块五　农业机械技术管理，包括农业机械的试运转、农业机械技术保养和农业机械的使用 3 个项目；模块六　农机油料使用和管理，包括燃油的选用、润滑剂的选用和油料的管理 3 个项目；模块七　农机购置补贴和维修管理，包括认知农机购置补贴、农机维修管理和农机产品三包服务和质量投诉 3 个项目；模块八　农机安全监理，包括拖拉机、联合收割机管理、农业机械安全管理和农业机械事故与处理 3 个项目；模块九　农机社会化服务，包括认知农机社会化服务和认知农机跨区作业 2 个项目。每个项目在【项目描述】中由实例引入，再确定学习目标，后分解为数个学习性工作任务，共 51 个。

图书在版编目(CIP)数据

农机运用与管理 / 路红波主编. — 北京 ：中国农业大学出版社，2017. 12

ISBN 978-7-5655-1924-6

Ⅰ. ①农…　Ⅱ. ①路…　Ⅲ. ①农业机械—高等职业教育—教材　Ⅳ. ①S22

中国版本图书馆 CIP 数据核字(2017)第 258816 号

书　　名　农机运用与管理

作　　者　路红波　主编

策划编辑　张　蕊　张　玉　　**责任编辑**　张　玉

封面设计　郑　川

出版发行　中国农业大学出版社

社　　址　北京市海淀区圆明园西路 2 号　　**邮政编码**　100193

电　　话　发行部 010-62818525,8625　　读者服务部 010-62732336

编辑部 010-62732617,2618　　出　版　部 010-62733440

网　　址　http://www.caupress.cn　　**E-mail**　cbsszs @ cau. edu. cn

经　　销　新华书店

印　　刷　北京时代华都印刷有限公司

版　　次　2018 年 1 月第 1 版　　2018 年 1 月第 1 次印刷

规　　格　787×1092　　16 开本　　14.75 印张　　360 千字

定　　价　39.00 元

编 写 人 员

主　编	路红波	辽宁农业职业技术学院
副主编	李　娜	辽宁农业职业技术学院
	郑玉艳	辽宁农业职业技术学院
	李　冬	黑龙江农垦科技职业学院
	王忠楠	辽宁农业职业技术学院
	孙　锋	广西农业职业技术学院
	朱隆静	温州科技职业学院
参　编	刘　阳	南阳农业职业学院
	马彩霞	南阳工业学校
	王　萍	黑龙江农业职业技术学院

前　言

《农机运用与管理》是农业工程类专业核心课教材之一。该教材构思新颖，内容丰富，结构合理，以行动导向的教学模式为依据，以学习性工作任务实施为主线，物化了本门课程历年来相关职业院校教育教学改革中所取得的成果，并统筹兼顾高等农业职业教育的学习特点。

《农机运用与管理》是农业工程专业核心课系列教材之一。本教材根据项目驱动式教学的需要，以引导学生主动学习为目的，进行体例架构设计，以适应高等农业职业教育和新型职业农民中职业教育创新和改革的需要。该教材重点介绍农机配备与配套、农业机械技术管理、农机油料管理和使用、农机安全监理、农机社会化服务等内容，涵盖了目前常用的农机配备与配套技术，农业机械作业与管理技术、农机安全监理和农机社会化服务等各个方面。本教材内容深入浅出、通俗易懂，具有很强的针对性和实用性，是高等职业教育的专用教材，也可作为新型职业农民的培育教材、还可作为相关专业人员作为参考用书使用。

本教材共分 9 大模块内含 22 个项目。模块一　走进农业机械化；模块二　农机配备与配套，包括农业机械选型和农业机械配备 2 个项目；模块三　农业机械机组，包括农业机械机组应用、认知机组的主要性能与认知农机具的阻力 3 个项目；模块四　田间农业机械化作业与管理，包括农业机械作业计划的制订、农业机械标准化作业和认知农业技术和田间作业 3 个项目；模块五　农业机械技术管理，包括农业机械试运转、农业机械技术保养和农业机械的使用 3 个项目；模块六　农机油料使用和管理，包括燃油的选用、润滑剂的选用和油料的管理 3 个项目；模块七　农机购置补贴和维修管理，包括认知农机购置补贴政策、农机维修管理和农机产品三包服务和质量投诉 3 个项目；模块八　农机安全监理，包括拖拉机、联合收割机管理、农业机械安全管理和农业机械事故与处理 3 个项目；模块九　农机社会化服务，包括认知农机社会化服务和认知农机跨区作业 2 个项目。每个项目在【项目描述】中由实例引入，再确定学习目标，后分解为数个学习性工作任务，共 51 个。每个工作任务由【任务目标】【任务准备】【任务实施】【任务评价】【任务巩固】构成，有的工作任务中还添加了【任务拓展】，【任务评价】参考样式作为附录放在书后，供教师教学时使用。

本教材由辽宁农业职业技术学院路红波、李娜、郑玉艳、王忠楠，黑龙江农垦科技职业学院李冬，南阳农业职业技术学院刘阳，南阳工业学校马彩霞，广西农业职业技术学院孙锋、温州科技职业学院朱隆静和黑龙江农业职业技术学院王萍共同编写。路红波担任主编，并最后统稿。具体编写分工如下：李娜编写模块一、二；马彩霞、王萍编写模块三；刘阳、孙锋编写模块四；刘阳、朱隆静编写模块五；路红波编写模块六；郑玉艳编写模块七；李冬编写模块八；王忠楠编写模块九。河北省科技工程学校副校长、高级讲师智刚毅、农业部科技教育司纪绍勤处长和原农业部农民科技教育培训中心陈肖安等同志对教材内容进行了最终审定，在此一并表示感谢。

由于编者水平有限，加之时间仓促，教材中难免存在不足，衷心希望广大读者及时发现并提出，更希望广大读者对教材编写质量提出宝贵意见，以便修订和完善，进一步提高教材质量。

编　者

2017 年 8 月

目　录

模块一　走进农业机械化

农业机械化是农业现代化的重要标志,发展农业机械化是现代农业建设中带有方向性的战略任务。农业机械化又是一个过程。狭义农业机械化通常是指种植业生产过程中某个生产环节的作业机械化或某种农业生物产品以及某个农业部门的生产过程机械化,即运用各种动力机械和配套的作业机具替代人、畜力和传统农具进行农业机械化生产作业;广义农业机械化通常是指农、林、牧、副、渔各生产部门的生产实现机械化作业的过程。

本模块分为认知农业机械化和认知农机产品型号 2 个工作任务。

通过本模块的训练,认知农业机械化和其运用,了解农业机械化的现状和发展趋势、农业机械化工艺方案的选定、农业机械的配备与管理等工作内容;熟悉农业机械化工艺方案的选定方法,熟悉农业机械的配备与管理的技巧;培养学生认真严谨、踏踏实实的工作态度以及同学间沟通协作能力。

任务 1　认知农业机械化

【任务目标】

1. 认知农业机械的分类及常用农业机械;
2. 掌握农业机械化的现状及其发展趋势。

【任务准备】

一、资料准备

与本任务相关的教学资料;课前收集的农业机械化图片或者视频资料;任务评价表。

二、知识准备

农业机械是农业生产中使用的各类机器和农具的总称。农业机械化既是一个技术发展的过程,又是经济和社会发展过程。它的直接功能在于提高农业劳动生产率、土地产出率和资源利用率,改善产品品质,并对农村产业结构的调整、劳动力就业结构的调整、农村经济的发展乃至整个国民经济的发展都将产生重要的影响。农业机械化的涵义包括三个方面的变化。一是对农业劳动者素质的改变;二是对农业生产工具的改变;三是对农业生产工艺的改变。劳动者是农业机械化诸要素中唯一具有能动性的要素,是第一要素。其内涵是农业机械化自始至终都包涵着对农业劳动者进行教育、培训,使之接受并掌握技术的过程;农业机械化必须由千百万农业劳动者用自觉的劳动去实施;劳动者素质如何不仅关系到对客观物质技术条件的改进和发展,而且直接影响到客观物质技术条件的利用和发挥。

农业机械化技术是把农业生物技术、机械技术和管理技术有机结合的一种综合技术体系。它体现硬件与软件的结合,具有较好的实用性和可操作性。以小麦精密播种机械化技术为例,它不仅包括小麦精密播种机及其使用技术在内的工程技术,而且涉及种子、土壤(肥力、墒情、整地质量)、田间管理(追肥、灌溉、松土、病虫害防治)等方面的生物技术和环境条件,还与农村经济条件(农业产量、产值、农民人均收入、劳均收入、经营体制和规模)相关。对以上因素进行综合分析研究,提出优化决策,又需依靠周密的管理技术。

农业机械化能有效地将相关的能量、物质、信息(技术)注入农业生产,客观上起到了劳力替代作用和技术载体作用。现代科学技术发展证明,技术的发展要以一定的载体为媒介,农业机械作为先进农业生产技术的载体,在推进农业产业化的过程中起着不可替代的作用。农业生产技术的大面积和大规模的实施,必须通过先进的农业机械才能完成;农业科技成果转化率的提高,农业综合生产能力的高度发展,必须通过农业机械化这个载体才能实现。

(一)农业机械分类

根据《农业机械分类》农业行业标准(NY/T 1640—2008)的规定,按用途及农业生产过程将农业机械共分 14 个大类,57 个小类,276 个品目,包括:

(1)耕整地机械。是耕地机械和整地机械的总称。耕地机械主要包括铧式犁、翻转犁、圆盘犁、旋耕机、耕整机、微耕机、田园管理机、开沟机(器)、深松机等;整地机械主要包括钉齿耙、圆盘耙、滚子耙、驱动耙、镇压器、灭茬机、起垄机等。

(2)种植施肥机械。主要包括播种机械、育苗机械设备、栽植机械、施肥机械、地膜机械等。

(3)田间管理机械。主要包括中耕机械、植保机械、修剪机械等。

(4)收获机械。主要包括谷物收获机械、玉米收获机械、棉麻作物收获机械、果实收获机械、蔬菜收获机械、花卉(茶叶)收获机械、籽粒作物收获机械、根茎作物收获机械、饲料作物收获机械、茎秆收集处理机械等。

(5)收获后处理机械。主要包括脱粒机械、清选机械、剥壳(去皮)机械、干燥机械、种子加工机械、仓储机械等。

(6)农产品初加工机械。主要包括碾米机械、磨粉(浆)机械、榨油机械、棉花加工机械、果蔬加工机械、茶叶加工机械等。

(7)农用搬运机械。主要包括运输机械、装卸机械、农用航空器等。

(8)排灌机械。主要包括水泵、喷灌机械设备等。

(9)畜牧水产养殖机械。主要包括饲料(草)加工机械设备、畜牧饲养机械、畜产品采集加工机械设备、水产养殖机械等。

(10)动力机械。主要包括拖拉机、内燃机、燃油发电机组等机械设备。

(11)农村可再生能源利用设备。主要包括风力设备、水利设备、太阳能设备、生物质能设备等。

(12)农田基本建设机械。主要包括挖掘机械、平地机械、清淤机械等。

(13)设施农业设备。主要包括日光温室设施设备、塑料大棚设施设备、连栋温室设施设备、生物质能设备等。

(14)其他机械。主要包括废弃物处理设备、包装机械、牵引机械等。

(二)我国农业机械化的成就

农业机械化是指运用先进适用的农业机械装备农业,改善农业生产经营条件,不断提高农业的生产技术水平和经济效益、生态效益的过程。

中国的耕地面积占世界耕地面积的 7%,但却为约占世界 1/5 的人口提供了基本充足的食品。农业快速稳步的发展离不开农业机械化。中国农业机械化经过多年的努力发展，已经取得了一定的成就，但是仍然存在一些不足。中国农业机械化取得的成就主要体现在以下几个方面：

1. 农业机械化装备水平稳步提高

1949 年，全国农业机械化装备总动力只有 8×10^{7} kW，农用拖拉机只有 117 台，一些大型农业机械如联合收割机、农用载重汽车基本上是空白。经过半个多世纪的发展，农业机械拥有量增长了上千倍，有的品种甚至数万倍。

2. 农机服务领域不断拓展

农业机构服务领域由原来的农田作业，逐步向产前和产后延伸，向其他领域扩展。一大批设施农业设备、农副产品加工机械、畜牧业机械、林业机械、植保机械、运输机械、农田基本建设机械等迅速增长。

3. 农机作业向市场化、社会化服务发展

中国农户种植规模小，家家户户购买农业机械不经济，也没有必要，发展农机社会化服务显得尤为重要。以 1996 年开始的全国性跨区机收小麦为标志，中国的农机作业向市场化、社会化服务发展。1996 年以来，中国有关部门大力配合，利用从南到北小麦收获的时间差，组织开展了联合收割机跨区机收小麦作业，使联合收割机使用时间从平均每年 7～10 d 增加到一个多月，提高了联合收割机的利用率，既满足了农民的机械化收割要求，也提高了购机者效益，促进了小麦机械化水平的提高和联合收割机保有量的增加。

4. 国际的农机技术交流与合作得到加强

近年来，国际上不少大型农机企业看准中国巨大的农机市场，与中国有关部门和企业合作，在中国开拓事业，取得了双赢的佳绩。国内一些大型企业，不断学习国外的先进经验和技术，加大技术改造和升级换代力度，推进了国产农业机械化产品质量的提高。为鼓励大型农业机械的进口，国家还制定了优惠进口税收政策。在我国举办展览会，也是农机界加强国际交流与合作的重要形式。

我国农业机械化存在的不足主要体现在：农业机械装备总量不足，结构不合理；农机使用中存在问题；农机门类品种上存在明显缺陷；农机服务组织化程度低，整体效益差。

(三)农业机械化的地位和作用

人类社会发展到今天，人口粮食资源环境等问题已成为困扰人类的全球性问题。以消耗资源、破坏生态、牺牲环境为代价发展农业，逐渐成为过去；如何实现可持续发展的“高产、优质、高效”农业，已成为国际社会关注的热点。实现农业机械化是我国农业可持续发展的必要条件和重要的推动力量。农业机械是一个使用农业机械逐步代替人、畜力进行农业生产的技术改造和经济发展的过程，在农业可持续发展中农业机械化的地位和作用表现主要体现在以下几个方面：

1. 提高土地产出率与资源利用率的重要手段

农业发展靠科技，农业科技的实施靠农机。从 20 世纪中叶以后，农业科技取得一系列重大突破，这些新技术应用都离不开农业机械，如选种、育种、应用种子加工成套机械，化肥农药施用依靠机械，先进的播种机可以实现开沟、播种、施肥、覆土、镇压等多工序一次完成，不仅出苗整齐而且省种、省肥，智能型喷雾机根据探测的目标进行喷雾，在空隙处停止作业，既可节约30%～40%的费用又可减少对空气和环境的污染，联合收获机装有自动监控系统，根据地形，作物产量自动调节割茬高度和行驶速度，保证收获质量、效率，并减少了损失。

2. 有效抵御自然灾害

我国有效灌溉面积占全国耕地一半，生产了占总产量80%的粮食、90%的棉花和95%的蔬菜；机电排灌占有效灌溉面积70%，有效地抵御了自然灾害，使我国旱灾成灾率降低10%，水灾成灾率降低20%。我国有一半耕地属无灌溉条件的旱地，产量低而不稳。近年成功推广的机械深耕、深松、虚实耕作法、免耕（少耕）法、秸秆还田、沟播、重镇压、覆膜等综合配套的机械化旱作节水农业技术，有效地改善土壤结构、增强蓄水保墒能力，使有限的天然降雨，在作物的生长期内均衡利用。由于以上技术，可使旱区农业显著增产、农业增收，机械化旱作节水农业成为广大无灌溉条件地区抵御干旱危害的希望。

3. 是持续、合理利用农业资源的重要手段

我国农业自然资源相对短缺，人均耕地和人均水资源更少；我国是世界上13个贫水国家之一，人均水资源占有量相当于世界人均水平1/4，由于长期土渠输水、大水漫灌而使灌溉用水有效利用率只有30%～40%，浪费的水量相当于全国总用水量40%。节水机械化技术（喷灌、微灌）与传统地面沟渠灌溉相比，已显示出节水、扩大耕地、增加产量的巨大优越性（表1-1）。因此，要积极推进先进节水机械的发展。

表1-1　节水机械化技术与地面沟渠灌溉的增量对比　%

节水机械化技术	节水	扩大耕地	增产
喷灌	30～50	10～20	20～20
滴灌	50～70	10～20	20～30

我国人口平均每年以 1.5×10^3 万的速度增加，耕地平均每年以 33.33×10^4 hm^2 速度减少。1995年人均耕地0.079 hm^2，并且水土流失严重，耕地半数以上是中低产田。开垦荒地、改造中低产田，开发滩涂、治理荒沙盐碱无一不需要农业机械。工厂化农业是世界农业的发展趋势，它的发展必须有配套的机械设备。

4. 有助于防治农业环境污染

农业环境污染主要是化肥、农药、地膜的大量施用和焚烧秸秆造成污染加剧的问题。机械化深施化肥提高了化肥利用率，减少了化肥挥发、化肥施用量和对环境的污染（表1-2）。机械秸秆粉碎还田，具有肥田和防止污染的双重效果，秸秆还田能提高土壤养分、减少地表径流和水分蒸发、抑制杂草生长。

表1-2　机械化深施化肥（碳铵）与表面施用化肥比较　%

施化肥2 d的挥发率		利用率		持续供给养分时间		深施，小麦增产效果	
表施	深施6 cm	表施	深施6 cm	表施	深施6 cm	高产田	低产田
10.77	0.6	28.6	55.9	20	760	12～14.7	4～7

在现代农业发展道路中，农业机械化是一条必然的可持续发展之路，现代农业产业体系必

然需要农业机械化的构成。目前,农机应用与管理的行业发展方式正在由劳动密集型向技术密集型转变,原有的经营方式也在由分散经营向整体规模化方向发展。在此新形势下,就必须要进一步加强农机应用与管理人才的引进、技术应用性的提高,对现有的农机应用与管理发展模式进行深层次的改革。

【任务实施】

(一)学生分组,4～5 人一组,就课前准备的农业机械化相关知识点进行讨论。

1. 首先根据课前收集的相关资料,小组内对农业机械化的认知进行简要讨论,得出小组内讨论结果。

2. 小组内讨论完毕,每组选出一名代表汇报讨论结果,再进行组间讨论,对于农业机械化的现在和发展得出讨论结果,然后由任课教师进行相关指导,概况出农业机械化的发展趋势。

3. 教师列出相关农机具图片,展示出农业机械化的现在和发展历程,进而使学生了解农业机械化在农业可持续发展中的地位和作用。

(二)教师展示农业机械化发展相关的图片或者视频资料,学生进一步讨论并回答以下问题:

1 农业机械化的现状和发展趋势如何?

2. 农业机械的分类和常用农业机械有哪些?

3. 农业机械化在农业可持续发展中的地位和作用?

【任务评价】

针对项目实施中的一、二部分,在实施过程中,针对不同的内容,进行小组间评价,指导教师对每组讨论的结果进行指导,最后概括总评,得出正确答案。任务评价表见附录。

【任务巩固】

1. 什么是农业机械化?

2. 我国农业机械化的成就有哪些?

3. 农业机械化的地位和作用有哪些?

任务 2 认知农机产品型号

【任务目标】

1. 认知农业机械产品型号编制规则;

2. 掌握编码方法。

【任务准备】

一、资料准备

与本任务相关的教学资料;农业机械产品型号编制图片或影像资料;任务评价表。

二、知识准备

(一)农业机械产品型号编制

1. 编制原则

农机具产品必须有牌号、名称和型号;产品中的零部件,应有其名称和代号,不同零部件的代号不得相同;农机具产品的牌号、名称和型号由设计、生产单位根据本标准的规定进行编制,并报有关部门备案;老产品、引进的产品技术和图样可采用原型号进行编制;产品的标牌应符合 GB/T13306 的规定;产品有商标时可不标注牌号,文字叙述时可按牌号、型号、名称顺序书写。

2. 产品牌号

产品牌号主要用于识别产品的生产单位。产品牌号可用地名、物名和其他有意义的名词命名,列于产品名称之前;产品转厂生产时,牌号可以改变,型号不得改变。

3. 产品名称

产品名称应能说明产品的结构特点、性能特点和用途。产品名称一般应由基本名称和附加名称两部分组成,基本名称表示产品的类别。例如:犁、耙、播种机、碾米机。附加名称用以区别相同类别的不同产品,应列于基本名称之前。例如:圆盘耙、背负式喷雾器。产品全称包括产品牌号、产品型号和产品名称三部分。例如:丰收牌 2B-24 谷物播种机。

4. 产品型号

产品型号由汉语拼音字母(以下简称字母)和阿拉伯数字(以下简称数字)组成,表示农机具的类别和主要特征。产品型号的编排顺序:

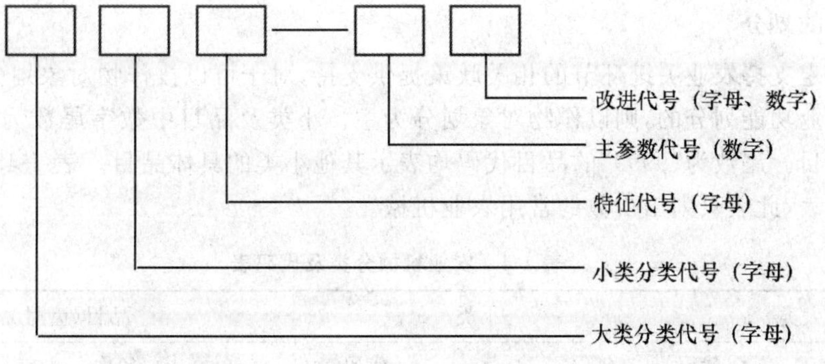

产品型号依次由分类代号、特征代号和主参数三部分组成。大类代号由数字组成,按表 1-3 的规定。

表 1-3 农机具产品大类分类代号

机具类别和名称	代号	机具类别和名称	代号
耕耘和整地机械	1	农副产品加工机械	6
种植和施肥机械	2	运输机械	7
田间管理和植保机械	3	排灌机械	8
收获机械	4	畜牧机械	9
脱粒、清洗、烘干和贮存机械	5	其他机械	10

注:属于其他机械类的农机具在编制型号时不标出“0”。

小类分类代号以产品基本名称的汉语拼音文字第一个字母表示,为了避免型号重复,小类代号的字母,必要时可以选取汉语拼音文字的第二个或其后面的字母。主参数代号用以反映农机具主要技术特性或主要结构的参数,用数字表示。改进代号:改进产品的型号在原型号后加注字母“A”表示,称为改进代号。如进行了几次改进,则在字母“A”后加注顺序号。编制联合作业机具或多用途作业机具的型号时,应将其中主要作业机具的类别代号列于首位,其他作业机具的代号作为特征代号列于其后。产品型号在图样、技术文件、使用说明书、产品标牌上应完全一致。

(二)编码方法

1. 大类确定的依据

与 JB/T 8574—2013《农机具产品型号编制规则》中农机具产品大类代号基本一致,但为了适应农业机械产品发展新需要,标准中大类的部分名称与《农机具产品型号编制规则》中的机具类别和名称略有不同。

2. 大类的划分

按产品特性、作业功能或作业对象划分,标准将所有农业机械产品划分为耕地机械、整地机械、播种机械、育苗机械设备等 57 个小类(不含“其他”)。

3. 小类的划分

为了制定支持农业关键环节的相关政策提供支持,对于可以按作物对象划分,也可以按产品特性和作业功能划分的,则以作物对象划分为主。小类及品目中数字尾数为“99”的代码均表示其他类目。尾数为“9999”的品目代码均表示其他小类的具体品目。表 1-4 为农业机械化分类及代码表,此表只列出少数的常用农业机械。

表 1-4 农业机械分类及代码表

大类		小类		品目(型号)	
名称	代码	名称	代码	名称	代码
耕整地机械	01	耕地机械	0101	铧式犁	010101
				翻转犁	010102
种植施肥机械	02	播种机械	0201	条播机	020101
				穴播机	020102

续表 1-4

大类		小类		品目(型号)	
名称	代码	名称	代码	名称	代码
田间管理机械	03	中耕机械	0301	中耕机	030101
				培土机	030102
收获机械	04	谷物收获机械	0401	自走轮式谷物联合收割机	040101
				自走履带式谷物联合收割机	040102

【任务实施】

1. 学生分组，4～5 人一组，就课前准备的农业机械产品型号编制的相关知识点进行讨论。

(1)首先根据课前收集的相关资料，提出相应问题，小组内对农业机械产品型号编制进行简要讨论，得出小组内讨论结果。

(2)小组内讨论完毕，每组选出一名代表汇报讨论结果，再进行组间讨论，对于农业机械产品型号编制规则得出讨论结果，然后由任课教师进行相关指导，概括农业机械产品型号编制和编码方法。

2. 教师展示农业机械产品型号编制相关的图片或视频资料，学生进一步讨论并回答以下问题：

(1)农业机械产品型号编制规则是什么？

(2)编码的大类和小类是如何划分的？

【任务评价】

针对[任务实施]中的 1、2 部分，在实施过程中，针对不同的内容，进行小组间评价，指导教师对每组讨论的结果进行更正指导，最后概括总评，给出正确答案。任务评价表见附录。

【任务巩固】

1. 根据以下图片提供的信息，简单编制该农机具产品的型号。

2. 编码的大类和小类是如何划分的？

模块二　农机配备与配套

项目 1　农业机械选型

项目 2　农业机械配备

项目 1

农业机械选型

【项目描述】

农业机械的功能和要求由作物种类、耕作制度、工艺过程特点、农业技术要求、工作环境条件和特点所决定。因此，农业机械的选型是一个复杂的问题。现仅就其中一些共性问题提出探讨，供选型时参考。

此项作业的目的就是通过对农业机械工艺方案的选择和农业机械的选型介绍，认知农业机械化工艺方案的选择、农业机械的选型方法以及农业机械产品型号的编制方法，以便更好地应用于实际生产。

本项目分为认知农业机械化工艺方案的选择和农业机械的选型 2 个工作任务。

通过本项目的训练，认知农业机械选型，完成农业机械化工艺方案的选择、农业机械的选型方法和农业机械产品型号的编制等工作内容；熟悉选择农业机械化工艺方案主要考虑哪些内容，熟悉农业机械的选型技巧和农业机械产品型号的编制方法；培养学生认真严谨、踏踏实实的工作态度以及同学间的沟通协作能力。

任务 1　农业机械化工艺方案的选择

【任务目标】

1. 认知农业机械化工艺方案的选择；

2. 掌握选择农业机械化工艺方案主要考虑的因素。

【任务准备】

一、资料准备

与本任务相关的教学资料；课前收集的农业机械化工艺方案的选择图片或视频资料；任务评价表。

二、知识准备

(一)农业机械化工艺方案的选择

由于全国各地区的自然气候条件、作物的种类和品种、产品规模、经济状况千差万别。因此，各地在农业机械化生产中采用的工艺方案也有很大差别。在农业机械选型和配备时，必须首先考虑选择合适于当地条件的工艺方案。

一项合理的农业机械化工艺方案，首先必须满足农作物生产过程的需要，服从于农作物高产稳产的要求。同时还要用较少的投资，消耗较少的能量、人工劳动和各种物资，降低作业费用和产品成本，以便取得较好的经济效果。在选择工艺过程中应考虑以下几点：

1. 提高单位面积产量

单位面积产量是评价农业机械化工艺方案的一项重要指标。由于在农业生产中影响作物产量的因素比较复杂。因此，在分析对比各种工艺方案时，要考虑在其他条件相同，或排除其他因素影响的情况下，才能得到比较合乎实际的结果。同时，由于每年自然条件的差别，需要观察对比近几年的情况才能得出较为可靠的结论。

2. 降低工艺过程的能量消耗和作业费用

在完成同样的工艺过程下，应尽可能降低能量消耗和作业费用。在保证高产稳产的前提下，应尽可能地减少作业次数。这样，不仅可以减少机组对土壤的压实，而且可以减少能量消耗。采用复式作业和联合机组，可以使几个工序在一次作业中完成。因而能提高作业质量和减少能量消耗。

在对比不同工艺方案的作业费用时，不仅要考虑本工艺过程的作业费用，而且还要考虑采用本工艺而引起其他有关各项工艺的作业费用、花费的人工及其他生产费用的增减情况，最后还要通过单位产品成本来进行对比。

3. 分析对比不同工艺方案所用的劳动工时数和最终的单位产品的劳动消耗

在对比劳动消耗时，不仅要考虑主要操作的劳动消耗，而且要考虑辅助过程的劳动消耗。例如，在对比水稻栽植工艺时，不仅要考虑插秧的劳动消耗，而且要考虑秧苗供应、运输、补苗等的劳动消耗等。如果其他工艺过程不变，只改变整个生产过程中的一项或几项工艺，则可对比不同工艺部分所需的劳动工时数。如果还你能同时增加单位面积产量，则表明劳动生产率将更加提高。

有时采用其他工艺还会对以后的作业有影响。例如，水稻旱直播工艺提高了种植过程的生产率，减轻了育苗和插秧过程的繁重劳动，但增加了水稻除草的劳动消耗，或增加了除草药剂的费用。另外，还要考虑对产量的影响。因此，在决定采用何种工艺方案时，要进行全面的衡量对比。

4. 在选择工艺方案时，不但要考虑直接经济效果，而且要考虑对生态平衡的影响

例如，农药及化学药剂的应用，一方面可以防治病虫害和抑制杂草，保证作物的正常生长，从而为提高单位面积产量创造了有利条件。但同时也要支付一定的费用去购买农药或除草剂。此外，还要考虑到化学药剂的残毒对环境造成的污染，以及对人体和生物产生的有害影响。

总之，在选择工艺方案时，必须根据当地的自然气候条件、农业机械化程度、劳动力情况、经济条件、生产规模以及社会化、专业化的程度等具体情况来决定。例如，在美国的一些地方可以采用飞机撒播种子来种植水稻，而在日本则普遍采用小型动力插秧机插秧。这就是因为各国的具体条件不同而采用不同的工艺方案。因此，我们在选择农业机械化工艺方案时，必须因地因时制宜，多作调查研究和分析对比，并在总结当地生产实践经验的基础上，选择最佳的工艺方案。

【任务实施】

一、学生分组，4～5 人一组，就课前准备的选择农业机械化工艺方案的相关知识点进行讨论。

1. 首先根据课前收集的相关资料，小组内对农业机械化工艺方案选择的认知进行简要讨论，得出小组内讨论结果。

2.小组内讨论完毕，每组选出一名代表汇报讨论结果，再进行组间讨论，对于农业机械化工艺方案选择考虑因素得出讨论结果，然后由任课教师进行相关指导，概括出农业机械化工艺方案选择考虑因素有哪些。

二、教师展示农业机械化工艺方案的选择相关图片或视频资料，学生进一步讨论并回答以下问题：

1.在农业机械选型和配备时，为什么首先考虑选择合适于当地条件的工艺方案？

2. 一项合理的农业机械化工艺方案主要考虑哪些因素？

【任务评价】

针对行务实施中的一、二部分，在实施过程中，针对不同的内容，进行小组间评价，指导教师对每组讨论的结果进行指导，最后概括总评，得出正确答案。任务评价表见附录。

【任务巩固】

1.在农业机械选型和配备时，为什么首先考虑选择合适于当地条件的工艺方案？

2.一项合理的农业机械化工艺方案主要考虑哪些因素？

任务 2 农业机械选型

【任务目标】

1.针对常见拖拉机的型号，能够熟练地对拖拉机进行选型；

2.掌握农业机械的选型。

【任务准备】

一、资料准备

与本任务相关的教学资料；农机具图片或影像资料；任务评价表。

二、知识准备

(一)拖拉机的选型

拖拉机是农业机械化生产中的主要动力，拖拉机型号选择是否合适，对保证作业质量、提高机组生产率、降低燃料消耗、降低作业成本和安全生产都有很大影响。现代的农用拖拉机应满足下列主要要求：

(1)能够很好地与农机局配套，严格按照农业技术要求进行作业；

(2)机组的生产效率高，燃料消耗少，作业成本低；

(3)在各种作业条件下，具有良好地牵引性能和安全地行驶；

(4)通用性好,适合在不同自然条件下工作,完成多种作业;

(5)操作方便、舒适、启动容易;

(6)机器的可靠性能好,零件耐磨、使用寿命长、维修方便;

(7)提高拖拉机零部件标准化、通用化和系列化。

由于我国幅员辽阔,自然气候条件差异很大,作物种类繁多,耕作制度也不同,对拖拉机的型号要求也不同。因此,全国需要制定一个拖拉机系列的型谱,规定一定数量的基本型号以及若干种变型。目前拖拉机分级方法有两种。

一是按牵引力等级来划分。例如,我国生产的东方红-28、铁牛-55 和东方红-75 三种拖拉机分别为 0.9、1.4 和 3 吨级拖拉机。按牵引力划分等级时,同一吨级的拖拉机可以有不同的功率。例如,东方红-54 和东方红-75 拖拉机虽然功率不同,但额定牵引力相差不大,只是东方红-75 拖拉机的速度高,因此,它们同属于 3 吨级拖拉机。所带的农机具一般仍可保持原来的配套关系不变,这是按牵引力划分等级的优点。苏联和东欧国家的拖拉机系统按牵引力分为 10 级,即 0.2、0.6、0.9、1.4、2.0、3.0、4.0、5.0、6.0 和 8.0 吨级。

二是按发动机额定功率来划分。各国因具体情况不同,划分的等级也不同,而且随着拖拉机发动机功率的增大,划分的等级也在变化。例如,西欧有的国家把轮式拖拉机按发动机额定功率的大小等级来划分。

目前,我国生产的拖拉机类型主要分为履带式、轮式和手扶式 3 种。现将这 3 种类型的拖拉机使用范围简单介绍如下:

(1)履带式拖拉机。我国生产的履带式拖拉机有红旗-100、东方红-75 等型号。它适合于水旱田翻地、耙地,旱田的播种、起垄等项作业。换上窄履带后,还可以进行中耕除草和其他田间管理作业。也适合于进行农田基本建设作业,如推土、开沟等。

(2)轮式拖拉机。我国生产的轮式拖拉机主要是后轮驱动的四轮拖拉机,种类很多,按功率来分大致可以分为 3 类:

①发动机的额定有效功率为 50 马力以上的轮式拖拉机,如铁牛-55、辽宁-60 等。

②发动机的额定有效功率为 40～50 马力的轮式拖拉机,如上海-50、东风-50、泰山-50 等。

③发动机的额定有效功率为 20～40 马力的轮式拖拉机,如丰收-35、东方红-28、25、30、40 等。

生产实践表明,轮式拖拉机具有广泛的通用性和较大的机动性。作为农业拖拉机,首先要先看它们对各种主要农田作业的适应性,只有这样,才能很好地发挥它们在农田生产中的作用,除了翻地、整地、播种作业以外,尤其要求轮式拖拉机具有良好的行间作业性能。

轮式拖拉机的最大特点是,具有很好的农业运输性能,并在抽水、脱谷等固定作业中也可以发挥作用。

不同的功率范围,可以根据当地具体情况选择。采用较大功率的拖拉机可以节省人力、提高劳动生产率、缩短农时、适时地完成田间作业,但增大拖拉机的功率受到地块大小、经营规模等方面的制约。因而在每一具体条件下,都有其适宜的功率范围。一般来讲,地块较大和经营规模较大的生产单位选择较大功率的拖拉机可以提高劳动生产率和降低作用费用。

(3)手扶式拖拉机及小四轮拖拉机。国内生产的手扶式拖拉机一般在 7.5 kW 左右。手扶拖拉机的作业适应很好。根据各地区的使用经验表明,它带上农机具可以进行翻地、旋耕、水田耙地、播种、中耕、抽水、脱谷、碾米、饲料粉碎、农业运输等 10 多种作业。适合于地块较小和经营规模较小的地区，特别在丘陵地区、市郊蔬菜区、水田区能很好地发挥作用。由于它的用途广泛、价格较低，农户都能购买。因此，数量增加很快。目前已遍及全国农村各个角落，并在农业生产中发挥了很大作用。

由于各地自然特点、生产条件、作物构成等差别很大。因此，对拖拉机的型式和功率的要求也不同。各地区根据各种类型拖拉机的运用性能和对作业的适应性来选择适合当地农业生产需要的拖拉机，但选择的型号不宜太多，否则会给农机具配套、零件备品的供应和维护工作带来不便。对于一个农机服务站来讲，一般可因地制宜地配 2～3 种大中小拖拉机，即可满足要求，型号不宜太杂。

小四轮拖拉机的使用性能与安全性都较手扶拖拉机为好，尤其适于农村运输。故近年来迅速得到推广。全国已有 80 个工厂投产这种类型。它的发动机仍属单缸 195 型，功率保持 12～15 马力，底盘有机械式和液压式提升机构，便于田间操作。这种小四轮拖拉机提高了手扶拖拉机性能，就价格看相差也有限，很适合北方农户的需要，南方则因不能下水田，受一定局限。国内小四轮拖拉机的主要结构特点，如表 2-1。

表 2-1　小四轮拖拉机主要结构特点

型号及其变型		结构特点
东方红-12 型拖拉机	基本型	(1)小巧灵活，机动性好 (2)较手扶拖拉机坚固耐用，使用维修方便，牵引力为 2 940 N (3)动力为原 190 或 195 柴油机，使用可靠、油耗低 (4)有动力机械式，或液压式提升机构，综合利用性能好
	变型(运输型)	不带提升机构和悬挂系统，运输挡速度提高到 23 km/h
东方红-14 或 15 型拖拉机		(1)柴油发动机加强提高到 10～11 kW (2)轴距由 1.2 m 增加到 1.3 m，提高了拖拉机稳定性 (3)具有液压提升机构，额定提升重约 250 kg (4)采用 7.5～16 驱动轮胎 (5)牵引力可达 4 900 N
4GL-160 型	稻麦割晒机	前悬挂，割幅 1.6 m，适用于收割平播稻麦，工效为 4 669～6 003 m^2/h

(二)农机具的选型

农机具的功能和要求是由作物种类、耕作制度、工艺过程特点、农业技术要求、工作环境条件和特点所决定的。

(1)选择农机具型号时，首先必须满足农业技术要求，适合当地农业生产特点和自然条件。

(2)选择的农机具应当与拖拉机完全匹配，达到合理编组。农机具的幅宽应与地块大小相适应。农机具适应的作业速度范围要大一些，提高作业速度，以便提高机组生产率。就全国讲，要实现农机产品系列化，以便与不同功率的拖拉机合理配套。

(3)农机具应当具备很好的通用性。由于农机具的价格高，每年工作时间短，如果一种农机具通过更换不同的工作部件而能适应多种作业，则将大大减少农机具的投资和降低作业费用。例如，国外联合收割机更换收割台后，可以收获玉米、大豆、向日葵、高粱、油菜籽、水稻等，选择播种机时，要求适应不同作物的播种。

(4)改善机具的技术性能。首先要求提高农机具的工作可靠性，减少作业中的故障，经久耐用,延长机器的寿命。要求在不提高价格和保证有足够强度的情况下,减轻农机具自身重量,减少金属用量。要求操作轻便,维修保养、调整和更换易损零件方便。

(5)应要求农机产品和零部件实现标准化、通用化和系列化,实现专业化生产,提高产品质量,降低价格,并保证提供充足的零件供应。

表 2-2 表示小四轮拖拉机的主要配套农具。表 2-3 表示目前生产中常用的一些与大中型拖拉机配套的农机具型号。农业机械的选型应当在试验的基础上进行,所有的机械应通过国家农业机械鉴定站试验检定合格后,提出正式的试验报告,才能投入生产。拖拉机和各种农业机械的试验标准均由国家统一规定。评价农业机械运用性能指标通常分为 3 类:即农业技术性能、技术经济性能和使用操作性能。

表 2-2　小四轮拖拉机主要配套农具

型号	名称	主要性能及用途
1LQ-218	悬挂轻型二铧犁	耕宽 36 cm,耕深 18 cm。稳定性好,调节方便,翻垡、碎土、覆盖能力较强
1LQ-218	悬挂轻型二铧犁	耕宽 36 cm,耕深 14～20 cm
1L-220	悬挂二铧犁	耕宽 40 cm,耕深 14～18 cm
BX-6	悬挂谷物播种机	可播麦类,谷黍 6 行,播幅宽窄可调
2B-8	牵引谷物播种机	可播 8 行,播幅 1.2 m,工效 5 336～8 671 m^2/h
2BM-4	悬挂棉花播种机	可播 4 行,工效 5 603～8 004 m^2/h
V 型-81	小镇压器	体积小,可配套使用

表 2-3　大中型拖拉机主要配套农具

东方红-75	铁牛-55	东方红-28
	(一)犁	
(1)L-5-35 重型五铧犁	(1)LXF-3-30 悬挂三铧犁	(1)LXD-2-30 悬挂二铧犁
(2)LH-5-35 开荒五铧犁	(2)LXF-3-35 悬挂三铧犁	(2)1LQJ-4-25 轻型悬挂犁
(3)革-5-35 牵引液压五铧犁	(3)LX-3-35 悬挂三铧犁	
(4)LZD-4-35 悬挂四铧犁	(4)1LQ-5-25 轻型悬挂犁	
(5)LXZ-4-35 悬挂四铧犁	(5)LQ-6-27 轻型六铧犁	
(6)沈阳 6-27 悬挂六铧犁		
(7)LQD-7-27 轻型七铧犁		
	(二)整地机具	
(1)PZQ 2.5 24 片重型缺口耙	(1)PY-3.4 或 41 片圆盘耙	(1)PYX-2.0 悬挂 24 片圆盘耙
(2)PY-3.4 41 片圆盘耙	(2)PY-3.4 41 片圆盘耙	(2)PT-4.2 悬挂弹齿耙
(3)PY-3.8 44 片圆盘耙	(3)PY-3.8 44 片圆盘耙	(3)4-PDX-3.9 悬挂重型钉齿耙
(4)3-PZD-1.0 重型钉齿耙	(4)3-YHV-3.6 V 形镇压器	(4)3PLDB-1.0 中型钉齿耙
(5)3-YHV-3.6 V 形镇压器	(5)3-YH-6.0 环形镇压器	(5)3-PZD1.0 重型钉齿耙
(6)3-YH-6.0 环形镇压器		(6)3 YHV3.6 V 形镇压器
		(7)3-YH-6.0 环形镇压器

续表 2-3

东方红-75	铁牛-55	东方红-28
(三)播种、中耕、植保机械		
(1)BG-24 24 行谷物播种机 (2)BF-24A 24 行施肥播种机 (3)BGF-48 48 行谷物播种机 (4)“长征”播种中耕机 (5)ZW-4.2 六行万能中耕机 (6)WU-12 悬挂式喷雾机	(1)BG-24 24 行谷物播种机 (2)BF-24A 24 行施肥播种机 (3)BGF-48 48 行谷物播种机 (4)ZFX4.2 悬挂式中耕追肥机 (5)ZX-7 悬挂七行中耕机 (6)气吸式播种机	(1)气吸式播种机 (2)单体播种机 (3)LJ-4.2 机力垄作七铧犁 (4)CX-3.6A 辽宁一号中耕机 (5)ZX-7 悬挂七行中耕机
(四)运输用农用拖车		
	(1)五吨拖车	(1)3C-3.5 拖车 (2)TC-3 拖车
(五)农田基本建设机械		
(1)C4-3A 铲运机 (2)推土机 (3)T2.2 型推土机 (4)PD-3 牵引式平地机 (5)CXY-2 型铲运斗	(1)1CX-1.8 悬挂铲运斗	

【任务实施】

一、学生分组，4～5 人一组，就课前准备的农业机械选型的相关知识点进行讨论。

1. 首先根据课前收集的相关资料，提出相应问题，小组内对农业机械选型进行简要讨论，得出小组内讨论结果。

2. 小组内讨论完毕，每组选出一名代表汇报讨论结果，再进行组间讨论，使学生能够更好地认知农机具，对于拖拉机和其他农机具选型得出讨论结果，然后由任课教师进行相关指导，概括出拖拉机和其他农机具是如何选型的。

二、教师展示农业机械选型相关的图片或视频资料，学生进一步讨论并回答以下问题：

1. 现代的农用拖拉机应满足哪些要求？

2. 农机具选型时的共性问题有哪些？

【任务评价】

针对项目实施中的一、二部分，在实施过程中，针对不同的内容，进行小组间评价，指导教师对每组讨论的结果进行更正指导，最后概括总评，给出正确答案。任务评价表见附录。

【任务巩固】

1. 拖拉机分级方法有哪几种？分别是什么？

2. 小四轮拖拉机主要配套农具牵引谷物播种机 2B-8 的主要性能用途是什么？

3. 简述对农业机械进行选型的参考条件。

项目 2

农业机械配备

【项目描述】

农业机械的选型是指对农机“质”的选择，而配备是指“量”的确定。在农业机械化发展过程中，合理配备对于提高农业机械化的经济效益具有十分重要的意义。随着我国农业机械化事业的日益发展，研究和解决农业机械的合理配备问题显得更加重要。

此项作业的目的就是通过对农业机械配备的介绍，认知合理配备农业机械的方法，评价农业机械配备方案的技术经济指标等实际应用。

本项目分为农业机械配备的应用和评价农业机械配备方案的技术经济指标 2 个工作任务。

通过本项目的训练，认知农业机械配备的应用，完成合理配备农业机械、评价农业机械配备方案的技术经济指标等工作内容；熟悉理配备农业机械的方法，熟悉农业机械配备方案的技术经济指标评价的方法；培养学生认真严谨、踏踏实实的工作态度以及同学间沟通协作能力。

任务 1　农业机械配备的应用

【任务目标】

1. 认知农业机械配备的基本要求；
2. 能够熟练掌握合理配备农业机械的方法。

【任务准备】

一、资料准备

与本任务相关的教学资料；农业机械配备应用的图片或影像资料；任务评价表。

二、知识准备

（一）农业机械配备的要求

农业机械的配备是农机化工作的一项重要内容。科学合理配备农业机械是在完成农业生产任务的基础上，运用价值规律，对农机作业成本进行科学地分析和计算，根据生产过程中的劳动消耗、作业质量、农时要求等因素最大限度地降低生产成本，追求经济效益的最大化的一种手段。农业机械配备程度也是在生产经营过程中经营管理水平的综合反映。

农业机械的配备应当与一定的技术经济基础相适应，所配备的机械设备应能完成所要求的农业机械化生产任务。

由于经营农业机械的形式、经营规模、生产任务、作物种类、农业机械化水平不同，要求选择和配备的农业机械的型号和数量也不同。因此，如何根据具体情况，应用科学的方法来选择合适的农业机械，确定配备方案，是农业机械化发展过程中的一项重要任务。

配备农业机械时应当满足两个要求：

第一，技术要求。首先要保证适时完成农业生产任务。要根据当地全年应当完成农业机械化作业的任务情况，因地制宜地计算完成任务应当配备的拖拉机和农具的型号和数量。

第二，经济要求。要保证在完成生产任务的前提下，所配备的拖拉机和农业机械设备是最经济的，作业费用最低。

一种配备方案是否合理，不仅要从技术上的合理性来考察，还要从经济上的合适性来评定。

合理配备农业机械的经济目标要考虑以下三点：

(1)作业费用最小。即在其他条件和生产任务相同的情况下，单位面积投入的机械作业费用最小。

(2)经济效益最大。在其他技术措施的配合下，使生产单位的产量或收入最大。

(3)较高的投资效益和较短的投资回收期。新设备的推广和应用，不仅要看技术上的可行性，而且取决于经济上的有利性。换句话说，实际配备的农业机械的型号和数量，不仅取决于生产的需要，而且也取决于能否提供农业生产所需要的价格合理的、优质的农机产品和保证零配件、燃料和润滑油的生产和供应；取决于经营主体是否有足够的资金来购买农机设备，并从中获得经济上的好处；取决于能否为充分发挥农业生产的效能创造必要的条件等。

(二)合理配备农业机械的方法

1. 合理配备农业机械的条件

在进行农业机械配备计算时，首先应确定农业机械化作业项目和各种作业的面积或作业量。在确定作业项目时，根据当地具体情况优先考虑以下一些作业：

(1)对农业增产增收有决定意义的作业。

(2)在农忙季节农时紧迫，如果不适时完成作业，对增产增收将产生重大影响的作业项目，如播种、插秧、中耕除草、防治病虫害、灌溉、排水、收获等。

(3)可以大大减轻劳动强度，提高劳动工效，投资少而收效明显的作业。如脱粒、扬场、农副产品加工等。

(4)使用机器比人畜力作业有明显优越性，直接经济效果显著的作业。如农业运输、施氨水、中耕追肥等。

(5)劳动条件差、劳动强度大、人畜力很难满足要求的作业。如深松土壤等。

2. 合理配备农业机械的方法

农业机械的配备大致有两种情况。一种是为一个生产实体配备农业机械。此种情况通常采用机组生产率法，或称工作量法。这种方法是在已知具体机组的基础上计算的。即先选定所采用的动力机械和作业机械的型号和机组组成，然后根据机组的生产率计算该生产单位所需机组数量。这种方法是在选定拖拉机和农机具型号的基础上计算机组的生产率，再根据农业机械化作业的任务，确定拖拉机和农机具的配备数量。计算方法大致可分为以下几步：

(1)根据作业的需要选择适合本地区的2～3种型号拖拉机，然后，把各项作业分配给各种型号的拖拉机。

(2)根据各项作业的数量、适宜的作业日期、各种型号拖拉机完成各项作业的定额，计算完成该项作业所需的拖拉机台数。其计算式如下：

$$n=\frac{U}{KWD} \tag{2-1}$$

式中：n—某项作业所需某种拖拉机台数；

U—该项作业的数量；

K—班次系数，即在该时期内平均昼夜出勤的班次数；

W—机组班次生产率；

D—作业日数。

(3)把各种型号拖拉机全年完成的各主要作业项目所需的台数分别叠加计算平衡后，即可根据紧张作业季节所需的拖拉机台数，确定所需各种型号拖拉机和相应的农机具的数量。

这种方法对于计算单项作业或一年中机械化作业最繁忙的阶段所需的拖拉机和农具的数量是比较合适的。在计算插秧机、收获、农产品加工等农业机械的配备数量时，都可以采用这种方法。机组生产率法的实质，是根据每台机组的生产率，确定一定规模的生产单位在规定的作业期内所应配备的机具数量。这种计算方法所要达到的目标，是在规定时期内用最少的机组数量来完成规定的农业机械化作业任务。一般这个目标与最经济的目标是一致的。

农业机械配备的另一种情况是为制定农业机械化发展规划，确定农业机械配备方案。这种情况通常是在典型生产单位配备计算的基础上进行推算，典型生产单位的配备计算与第一种情况相同，一般也采用机组生产率法；也可以在调查研究和统计分析的基础上提出一套比较合理的配备方案，然后根据具体情况进行推算。科学合理地配备设备可以提高设备利用率，减少折旧损失，降低单位作业费用。反之，如果配备的设备超过了为实现某一目标所必需的设备数量时，就会造成利用率差，折旧费增加，作业费提高；如果少于所应配备的数量时，就完不成规定的任务，或延期完成任务，因而造成经济上的损失。

【任务实施】

一、学生分组，4～5 人一组，就课前准备的农业机械配备应用的相关知识点进行讨论。

1. 首先根据课前收集的相关资料，提出相应问题，小组内对农业机械配备的基本要求和方法进行简要讨论，得出小组内讨论结果。

2. 小组内讨论完毕，每组选出一名代表汇报讨论结果，再进行组间讨论，对于农业机械配备的基本要求和方法得出讨论结果，然后由任课教师进行相关指导，概括出农业机械配备的基本要求和方法。

二、教师展示农业机械配备应用的相关图片或视频资料，学生进一步讨论并回答以下问题：

1. 农业机械配备的基本要求是什么？

2. 合理配备农业机械的方法是什么？

【任务评价】

针对项目实施中的一、二部分，在实施过程中，针对不同的内容，进行小组间评价，指导教师对每组讨论的结果进行更正指导，最后由概括总评，给出正确答案。(其中组间评价占本项目实施平时成绩的 40%，老师总评占本项目实施平时成绩的 60%，最后给出每组本实施项目的总成绩。)任务评价表见附录。

【任务拓展】

农机配备方法——能量法

近几年来，欧美各国在研究农业机械的合理配备时，通过能量平衡来计算。通过能量消耗计算所需拖拉机的总功率时，可以不考虑具体的机组组成，因而使计算过程具有普遍性，简化了计算过程，便于在较大的范围内进行配备计算，特别是使用电子计算机计算。按作业过程中消耗的能量确定拖拉机配备数量的方法的计算程序如下：

(1)按作业日程确定每项作业单位面积所需的能量。单位面积消耗的能量，可用下式计算：

$$A=\frac{K}{56.1} \tag{2-2}$$

式中：A—完成某项农田作业消耗的有用能量(kW·h/m^2)；

K—机组单位工作阻力(N/m)。

(2)计算每项作业消耗的总能量。每项作业消耗的总有用能量 H 为：

$$H=AF \tag{2-3}$$

式中：F—完成该项作业的总面积

(3)计算完成该项作业所需的牵引功率。完成该项作业所需的牵引功率 $N_{T\text{为}}$：

$$N_T=\frac{AF}{TDE} \tag{2-4}$$

式中：T—每日作业小时数；

D—日历日数；

E—日历日期利用系数。

(4)计算实际上所需的发动机有效功率。上式只计算了理论所需的拖拉机牵引功率，但实际配备拖拉机时，还要考虑机组田间作业效率 e、发动机负荷系数 δ_N 以及由牵引功率折换成发动机有效功率的牵引效率 η_T，因此，实际所需的拖拉机有效功率 N_e 为：

$$N_e=\frac{N_T}{e\delta_N\eta_T} \tag{2-5}$$

(5)把全年所有的作业项目的计算过程列入下表中，并绘制成能量需要量图表，对其能量高峰平衡后，即可根据全年需求功率最大的季节确定拖拉机总的有效功率数，再在上述计算结果的基础上增加10%左右的储备功率，即为所应配备的拖拉机总功率数。

在确定拖拉机总功率数之后就可以根据本单位所要完成的各项农业机械化作业、地块大小、土壤比阻、地形、地势等情况选择合适于本单位需要的拖拉机型号。为了获得较好的配备方案，也可以在总功率相同的条件下，提出几种方案进行对比，从中选择最经济、最合理的方案。

(6)在确定拖拉机型号后，选择合适的配套农机具，并按机组生产率确定各种农机具的配备数量。

【任务巩固】

1.配备农业机械时应当满足什么样的要求?

2.简述合理配备农业机械的条件。

任务2 评价农业机械配备方案的技术经济指标

【任务目标】

1.认知对农机操作人员劳动条件的主要评价;

2.掌握农业机械配备方案主要技术经济指标的评价。

【任务准备】

一、资料准备

与本任务相关的教学资料;农业机械配备方案的技术经济指标图片或影像资料;任务评价表。

二、知识准备

为了表明农业机械配备方案可能达到的水平和可能实现的经济效果,需要用一些技术经济指标来衡量。通过这些指标对不同的配备方案进行对比分析,从中选择最佳方案。评价农业机械配备方案的技术经济指标主要由以下几项。

(1)农业机械化程度M,一般按每种作物的单项作业分别计算,其计算公式为:

$$M=\frac{F_{\mathrm{m}}}{F}\times 100 \tag{2-6}$$

式中:M—某项作业的机械化程度;

F—该项作业的总面积;

F_{m}—用机械作业的面积。

(2)平均每亩地农机投资Y,可用下式计算,即

$$Y=\frac{K}{F} \tag{2-7}$$

式中:K—农业机械投资总额;

F—总耕地面积。

(3)平均动力装备水平用拖拉机动力装备水平D表示,可用下式计算,即

$$D=\frac{\sum N_{\mathrm{e}}}{F} \tag{2-8}$$

式中:$\sum N_{\mathrm{e}}$—配备拖拉机的总额定功率;

F—总耕地面积。

(4)拖拉机平均年工作量Ω,可用下式计算,即

$$\Omega = \frac{U}{\sum N_e} \tag{2-9}$$

式中:U—预计拖拉机全年完成的总工作量;

$\sum N_e$—配备拖拉机的总额定功率。

(5)平均每亩地投入的工作量e,表明每亩地投入机械作业的能量多少,可用下式计算,即

$$e = \frac{U}{F} \tag{2-10}$$

式中:U—预计拖拉机全年完成的总工作量;

F—总耕地面积。

(6)劳动生产率指标表明配备机器后劳动生产率水平变化的指标,包括作物生产过程的劳动消耗量H、每个农业劳动力平均耕种的面积J,每个工时生产主要农产品的数量L和每个农业劳动力生产农产品的产值L_m。各指标的计算式有以下四种:

①作物生产过程的劳动消耗量H,即

$$H = \sum_{i=1}^{n} H_i \tag{2-11}$$

式中:H_i—种植该作物时每项作业的劳动消耗量;

n—全部生产过程的作业项目数。

②每个农业劳动力平均耕种的面积J,即

$$J = \frac{F}{m} \tag{2-12}$$

式中:F—总耕地面积;

m—参加种植作物的劳动力。

③每个工时生产主要农产品的数量L,即

$$L = \frac{Q}{H} \tag{2-13}$$

式中:Q—某种作物的单位面积产量;

H—该作物生产过程的劳动消耗量。

④每个农业劳动力全年生产农产品的产值L_m,即

$$L_m = \frac{Z}{m} \tag{2-14}$$

式中:Z—农产品的年总产值;

m—全年参加种植中的劳动力。

(7)成本指标计算方法有以下两种:

①预计机械作业的成本S,即

$$S = \frac{G}{U} \tag{2-15}$$

式中：G—预计全年机械作业的总费用；

U—预计拖拉机全年完成的总工作量。

②每亩农业机械作业费用 S_f 计算为

$$S_f = Se_{\mathrm{M}} \tag{2-16}$$

式中：e_{M}—每亩耕地投入的农机作业工作量。

(8)投资回收期 n 的计算，即

$$n = \frac{K}{C} \tag{2-17}$$

式中：K—农业机械投资总额；

C—每年由于使用农业机械而获得的纯收益。

【任务实施】

一、学生分组，4～5 人一组，就课前准备的农业机械配备方案的技术经济指标的相关知识点进行讨论。

1. 首先根据课前收集的相关资料，提出相应问题，小组内对评价农业机械配备方案的技术经济指标进行简要讨论，得出小组内讨论结果。

2. 小组内讨论完毕，每组选出一名代表汇报讨论结果，再进行组间讨论，对于农业机械配备方案的技术经济指标得出讨论结果，然后由任课教师进行相关指导，概括出农业机械配备方案的技术经济指标评价方法。

二、教师展示农业机械配备方案的技术经济指标相关的图片或者视频资料，学生进一步讨论并回答以下问题：

1. 农业机械配备的基本要求是什么？

2. 合理配备农业机械的方法是什么？

【任务评价】

针对项目实施中的一、二部分，在实施过程中，针对不同的内容，进行小组间评价，指导教师对每组讨论的结果进行更正指导，最后概括总评，给出正确答案。任务评价表见附录。

【任务拓展】

对机械操作人员劳动条件的评价

在评价机械的性能时，必须考虑保证操作人员的安全，并尽可能改善劳动卫生条件，评价劳动卫生条件的指标主要有：微气候条件，在操作人员呼吸区域内的空气含尘量，废气含量，噪声、声频特性和低频振动，工作区域内照明的程度，操作人员操作舒适性，技术维护和工艺服务的安全性及方便性。

综合评价农业机械的劳动条件是一项很复杂的任务。因为,评价机器卫生劳动条件的许多相互矛盾的要求和参数指标对人体影响的程度是很难直接确定的。在综合评价农业机械的劳动条件时一般按下列顺序进行:

(1)首先确定评价指标的项目。在综合评价时只包括与该机器工作有关的指标。

(2)确定各项指标的权重系数。根据每个指标对人体有害影响的程度来确定。确定权重系数的方法有:实验法、专家鉴定法和计算法。因为实验法花费的劳动量太大,而且确定权重系数也没有必要达到很高的准确性。因此,也可采用专家鉴定法或计算法来确定。

(3)确定没有度量衡基础的参数。例如,技术维护和工艺服务的方便性,操作人员的工作姿势等性能可采取按等级评定。

【任务巩固】

1.评价农业机械配备方案的技术经济指标主要有几个方面?

2.成本指标计算方法有哪两种?

3.评价劳动卫生条件的指标主要有哪些?

模块三　农业机械机组

项目 1　农业机械机组应用

项目 2　认知机组的主要性能

项目 3　认知农机具的阻力

项目 1

农业机械机组应用

【项目描述】

在农业机械化生产中，农业机械主要以机组的形式来运行、作业和管理。机组是由动力系统、传动系统、作业系统及操纵系统四个部分组成的。如何使机组在保证作业质量和安全生产的基础上得到合理的运用，要用适当的指标进行衡量和评价。

此项作业的目的就是通过对农业机械机组、农业机械机群的应用和农业机械机组的编组介绍，认知评定机组作业质量指标，农业机械机群的运用指标，农业机械机组的编组计算的实际问题。

本项目分为认知农业机械机组、农业机械机群应用和农业机械机组的编组共 3 个工作任务。

通过本项目的训练，认知农业机械机组、农业机械机群的应用和农业机械机组的编组等工作内容；熟悉机组作业质量指标如何评定，熟悉农业机械机群的运用指标和农业机械机组的编组计算；培养学生认真严谨、踏踏实实的工作态度以及同学间沟通协作能力。

任务 1　认知农业机械机组

【任务目标】

1. 能描述农业机械机组的概念，了解农业机组种类。
2. 熟悉拖拉机技术性能指标和农机具评定技术指标，掌握机组作业质量指标。

【任务准备】

一、资料准备

不同类型的农业机械机组图片、机组作业视频、机组保养维修视频、任务评价表等与本任务相关的教学资料。

二、知识准备

(一)农业机械机组

在农业机械化生产的各项作业，一般以机组为单位来完成。农业机械也主要以机组的形式来运行和管理。

机组是指在一定条件下具有一定作业任务和期限的动力系统、传动系统、作业系统及操纵系统的有机组合。其中动力系统主要指拖拉机、电动机和发动机等，作业系统是指作业机具(配套农机具)，传动系统则将动力系统提供的高速低扭转化为作业机具工作需要的低速高扭的变速装置，操纵系统是指控制机组行走、转向、变速等的操纵机构和装置。

(二)机组的分类

农用机组种类非常多,按不同分类准则有:

按照机组在作业时是否移动的特点,可分为移动式和固定式两种机组。移动式机组的典型代表是在农业生产中占有重要地位的拖拉机机组。

按照机械作业部件的驱动方式:可分为用拖拉机的发动机驱动的机组、用作业机械的行走轮驱动的机组及用自身发动机驱动的机组。

按照作业机械与动力机械的联接方式,可分为牵引式、悬挂式和自走式。

按照机组作业幅宽的大小,可分为宽幅机组和窄幅机组。

按照机械作业部件相对于机组纵向中心线位置,可分为对称式和非对称式机组。

按照机组的速度范围,可分为低速机组和高速机组。

按照完成作业种类可分为耕地机组、播种机组、收割机组等。

按照机组一次作业完成工序的多少,可分为单式作业机组、复式作业机组、联合作业机组及通用作业机组。

农业生产中应用最多的是以拖拉机为动力的机组,如拖拉机配套铧式犁形成移动式机组,配套旋耕机则为驱动型机组,配套播种机则为播种机组。如联合收割机则是将动力系统、传动系统、作业系统和操纵系统组合为一体的移动式收割机组。

(三)评定机组性能的指标

1. 拖拉机的技术性能

农用拖拉机应当满足农业生产的要求。因此需要通过一些性能指标来评定它们适应农业技术要求的性能,其中主要的有以下几项:

(1)通过性。为了保证拖拉机在农事要求的时间内,在不同土壤条件下顺利地工作,就必须有良好的通过性,评定拖拉机通过性的主要性能指标有:对土壤的比压、离地间隙和工艺间隙等。

①对土壤的比压。对土壤的比压指拖拉机的轮子或链轨作用在土壤单位面积上的垂直压力。它是评定拖拉机行走装置对土壤的作用以及它们在地面上通过能力的一项重要性能指标。随着比压的增加,拖拉机轮辙加深,滚动损失增加,这样就加重了对土壤的结构破坏,影响作物生长。特别在承载能力差的田间作业时,比压太大,就会使通过性能恶化。

拖拉机对土壤的比压实际上是不均匀的,它随着地形、拖拉机牵引阻力的大小、轮胎气压等因素而变化。

链轨拖拉机的平均比压较轮式拖拉机要小得多,为了减小行走装置对农田土壤的破坏,应避免在土壤水分较大的情况下作业,并采取一些技术措施减少机器在田间的行走次数。

②离地间隙:是指拖拉机底部距地面的最小间隙,它是表明拖拉机垂直通过性的一个指标。如图 3-1 中的 h_1 所示。

③农艺间隙:农艺间隙是指拖拉机轮子在作物行间,其轮子的内轮边缘与作物苗之间的水平距离,也可称护苗带宽度,如图 3-1 中的 h_2 所示。它表示拖拉机进行行间作业的水平通过性。

为了保证拖拉机进行行间作业时不损伤作物,并适应各种作物的不同行距和护苗带宽度的要求,一般中型拖拉机的前后轮轮距应该是可以调节的。

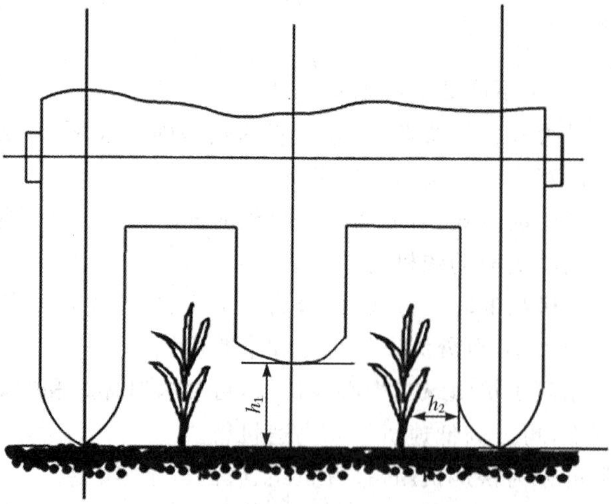

图 3-1　拖拉机的离地间隔 h_1 和农艺间隙 h_2

(2)直行稳定性。拖拉机的直行稳定性是影响拖拉机工作质量的重要因素之一。如在播种、起垄、行间中耕等项作业中,要求拖拉机走得很直,这样在行间作业时才不会伤苗。直行稳定性的指标可以用于规定行走方向的偏差值或机具工作部件的最小护苗带宽度来表示。

机组的直行稳定性与拖拉机的构造因素、转向机构的使用调整、拖拉机与农具的正确挂接、驾驶员的操作技术以及田间土壤条件等因素有关。

(3)平顺性。平顺性表明拖拉机在平地上行走时机体的跳动情况。

拖拉机的跳动对机组工作质量,驾驶员的疲劳程度,连接部分的紧固和机构的磨损等有较大影响。拖拉机的平顺性与拖拉机的结构、地面状态和使用调整等因素有关。如拖拉机的胎压过高,链轨拖拉机的链轨过松,都将影响拖拉机的平顺性。

(4)操纵的机动性。操纵的机动性,常用拖拉机最小回转半径来表明。它说明拖拉机在负荷下工作时对所规定的路线的偏差程度,操纵机动性能好的拖拉机在中耕时,中耕机可以用较小的护苗带宽度来提高作业质量,而在其他作业中,可以保持机组实际工作幅宽的稳定性。

(5)速度的机动性。机组在田间的工作速度,是影响工作质量和数量的重要因素之一。不同的作业项目,由于农具的现有结构和具体使用条件的限制,要求拖拉机具有不同的工作速度,以满足农业技术要求,保证工作质量和数量。

(6)其他技术性能。拖拉机还有与工作和维护的方便性、安全生产和劳动条件等有关的一些性能,主要包括以下几项:工作方便性、维护的简便性、作业安全性、对驾驶操作人员的劳动保护性等。

2. 农机具的技术性能

(1)使用的可靠性和耐久性。农具使用的可靠性及耐久性是指农具的结构和强度是否可靠耐久,故障少,不易变形,不易腐蚀,工作刃口不易磨损等。它直接影响到农机具作业时的工作质量和作业成本。

(2)运输方便性。运输方便性一般指农机具通过道路和桥梁的能力,牵引农具拆装轮爪或更换运输轮的简易方便程度。农机具发展趋势是大量采用悬挂机构,宽幅农具还能折叠或纵列运输,方便可靠。

(3)农机具的通用性。农机具的通用性即农机具的适应性,反映一机多用的能力。例如,通用机架可以安装不同的工作部件,完成不同的作业项目,而且能保证作业质量。

(4)使用的安全性。配套农机具的挂接是否安全可靠,安全防护装置的设置是否齐全合理,操纵是否便捷安全等。

3. 机组的技术性能

机组的技术性能是指拖拉机与配套农机具结合组成作业机组后,反映出来的机组性能指标。在实际工作中,这些指标是密切相关,相互影响的。

(1)机组生产率。机组在单位时间内完成的工作量称为机组生产率。“单位时间”一般用小时(h)、班(b)、日、季、年等计量。“工作量”一般用面积、体积或质量等计量。

牵引机组进行田间作业时,生产率常以单位时间内所完成的面积来表示,如公顷/班(hm^2/b)、公顷/小时(hm^2/h)等。固定作业时,则用吨/班(t/b)、千克/小时(kg/h)等来计量。运输作业时用(t·kg)/b、(t·km)/h 等来表示。上述生产率计量中的时间单位,除了小时(h)、班(b)外,还可根据需要换算成昼夜的、季度的和年度的生产率等。

①机组的理论生产率。

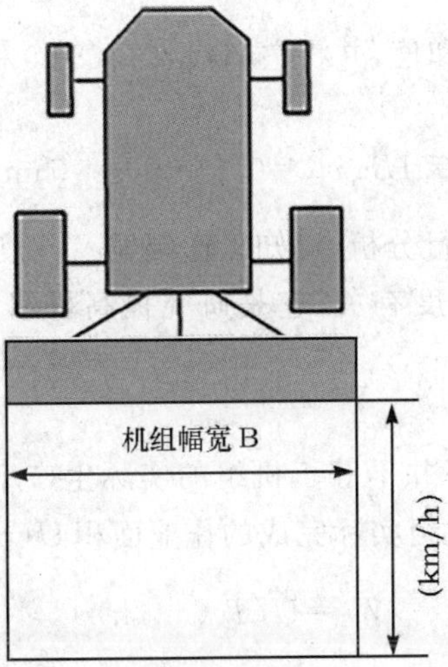

图 3-2

如图 3-2 所示:设机组的幅宽为 B(m),以某一理论速度 v_l(km/h)在 1 h 内,没有空行和停歇的情况下进行作业,则所完成的作业面积 W_l 即为机组的理论小时生产率。

$$W_l = 0.1Bv_l (hm^2/h) \qquad (3\text{-}1)$$

如果在上述情况下工作一个班次,则得到机组的理论班生产率。

$$W_l \cdot T = 0.1BTv_l (hm^2/b) \qquad (3\text{-}2)$$

式中:T—班的时数(h)。

②机组的技术生产率。

技术生产率是指在一定技术水平条件下能够达到的生产率。在实际生产中技术生产率比理论生产率低。

当机手的操作水平不高，直线行驶性差，相邻行程的对接不好时，幅宽利用率数值的变化幅度就比较大，有可能大于1(出现漏作)，也有可能小于1(出现重作)。而当农机具调整不当，作业幅宽 Bz 也会出现与构造幅宽 B 不等的现象。用机组幅宽利用率 β 表示机组构造幅宽的利用程度：

$$\beta = Bz/B \tag{3-3}$$

机组的理论速度是发动机在标定转速下，通过拖拉机变速箱不同挡位最终传到驱动轮上的速度，但在实际作业中，发动机不可能一直保持标定转速运转。所以，机组作业时的实际行驶速度 v_z（即班内平均使用速度）常小于理论速度 v_l 。机组实际速度 v_z 与埋论速度 v_l 的比值称为机组的速度利用率 ε。

$$\varepsilon = v_z/v_l \tag{3-4}$$

在班次时间内除了有实现作业量的纯作业时间外，还有不少非作业时间不能实现作业量，机组纯作业时间 T_z 与班次总工作时间 T 的比值称为作业时间利用率 τ：

$$\tau = T_z/T \tag{3-5}$$

考虑具体条件下机组的 β、ε 和值，并将它们代入式(3-1)和式(3-2)中，可得机组的技术生产率。

$$W_j = 0.1Bz\,v_z = 0.1B\beta v_l\,\varepsilon \quad (\mathrm{hm^2/h}) \tag{3-6}$$

对机组生产率的构成因素进行分析，可知工作幅宽及速度的利用程度两个因素与拖拉机动力性能的利用和操作的熟练程度有关；它是研究提高机组运用指标的各种措施中的关键因素。

③机组的实际生产率

应当指出，机组的技术生产率并不等于机组的实际生产率。机组的实际生产率 W_z 是在机组作业结束后实测而得，即将机组实际完成的作业面积 $U(\mathrm{m^2})$，除以实际作业小时数 T_z。

$$W_z = U/T_z(\mathrm{m^2/h}) \tag{3-7}$$

(2)单位面积耗油量。机组作业需要消耗大量的燃油和润滑油，油料费用占整个农业生产成本的比例比较大。

①单位面积燃油消耗量。

已知拖拉机在一个班次内消耗的燃油为 $Q_{班}$，而机组在同一时间内完成的工作量，即班次生产率为 $W_{班}$，则机组单位面积燃油消耗量为：

$$Q = \frac{Q_{班}}{W_{班}}\ (\mathrm{kg/m^2}) \tag{3-8}$$

式中：Q—单位面积燃油消耗量($\mathrm{kg/m^2}$)；

$Q_{班}$—一个班次油料消耗量(kg/b)；

$W_{班}$—班次生产率($\mathrm{m^2/b}$)。

②润滑材料的消耗量。

拖拉机机组在工作中的各种润滑材料，如机油、齿轮油、黄油等的消耗量，一般与机具的保养次数、机具各处密封性以及发动机的技术状态等有关。根据使用经验，机组中拖拉机润滑材料的消耗量，为主燃油消耗量的某一百分比。

润滑材料的消耗量，按主燃油消耗量的百分比概值（表 3-1）计算。

表 3-1　润滑材料的消耗量概值

油料名称	占主燃油量的百分比（%）
柴油机机油	4～4.5
车用机油（汽油发动机）	4
黄油	0.5～1
齿轮油	0.5～1

（3）机组作业的劳动量消耗。机组单位工作量的劳动量消耗应包括直接参加机组工作的人员和辅助人员的劳动，其公式如下：

$$H = \frac{n+m}{W_b}\text{（工时/m}^2\text{）} \tag{3-9}$$

式中：H—某项作业单位工作量的劳动量消耗（工时/m^2）；

n—机组直接工作人员个数；

m—辅助人员个数；

W_b—机组生产率（m^2/b）。

为了降低劳动量消耗，除了提高机组生产率以外，还需重视机组的科技创新，提高科技含量，逐步实现生产过程机械化和辅助过程机械化，尽量采取悬挂机组、自走机组以及用自动装置来代替人工等先进技术，减少机组工作人员。

(4)机组作业成本。机组作业成本是以机组为对象计算的完成单位作业量[m^2、h、(t・km)等]应负担的各项费用的总和，，即支付机器作业过程中的活劳动费用和物化劳动费用总和。

①成本的构成：一般情况下，作业成本包括六项：油料费、工资、日常维修费、大修提存费、折旧费和管理费。计量单位有：元/h、元/hm^2、元/(t・km)、元/t。

由于农机购置费的占用固定资金利息也应计入成本项目，因而农机作业成本构成项目共计应有七项。在具体分析时，应视具体情况而定。

②成本的分类：变动成本和固定成本。

变动成本随年作业量而成比例变动。有油料费、日常维修、大修费用等。其特点是作业量越多则变动费用越大，所以将其称为变动费用。

固定成本：不随年作业量的多少而变化。有折旧费、资金利息和管理费等。

【任务实施】

一、学生分组，4～5 人一组，就课前准备的农业机械机组相关知识点进行讨论。

1. 首先根据课前收集的相关资料，小组内对农业机械机组的认知进行简要讨论，得出小组内讨论结果。

2. 小组内讨论完毕，每组选出一名代表汇报讨论结果，再进行组间讨论，对于农业机械机组的概念和分类得出讨论结果，然后由任课教师进行相关指导，得出农业机械机组的正确概念。

二、教师展示相关农业机械机组图片和机组作业视频，结合课前收集的相关资料，讨论回答下列问题：

1. 何为离地间隙、农艺间隙和机组幅宽？
2. 评定机组性能的指标有哪些？
3. 评价拖拉机技术性能指标有哪些？
4. 何为机组的实际生产率、单位面积实际耗油量、机组作业的劳动量消耗？

【任务评价】

针对项目实施中的一、二部分，在实施过程中，针对不同的内容，进行小组间评价，指导教师对每组讨论的结果进行更正指导，最后概括总评，给出正确答案。任务评价表见附录。

【任务巩固】

1. 机组的类型有哪些？
2. 评定机组性能的指标有哪些？
3. 评价拖拉机技术性能指标有哪些？
4. 提高机组生产率的根本措施有哪些？

任务 2　认知农业机械机群

【任务目标】

1. 能描述农业机械机群的概念。
2. 掌握农业机械机群的运用指标、熟悉农业机械机群的相关参数。

【任务准备】

一、资料准备

不同类型的农业机械机群图片、机群作业视频、农机保养维修视频、任务评价表等与本任务相关的教学资料。

二、知识准备

(一)机群

机群也是一种机器系统，机群是由各种不同类型的动力机械（如拖拉机、电动机），农业机械（如犁、播种机）和其他机械（如畜牧机械）组成的群体。是某个农业企业所拥有的各种动力机械、作业机械、自走式机器以及用于维修、运输和油料贮存设施的总和。在作业组织过程中，不仅要考虑各机组的工作能力等，同时要考虑各机组之间的配合。

(二)机群运用指标

机群运用指标是根据高效、优质、低耗、安全的要求，通过一系列参数，表明机群在一定时期内的运用效果、经济效益以及达到的机械化程度等。

1. 工作量指标

机群工作量指标可用机群年总工作量，机群平均标准台(单位功率)工作量等具体表示。

(1)机群年总作业量是机群内各混合台拖拉机及自走式机器各种作业工作量的总和。可根据机组工作日记或统计报表汇总得到。工作量的计量单位——标准公顷。

①标准公顷。标准公顷是为了便于比较、评价机组工作量，而采用的统一的标准计量单位。耕地机组在地势平坦、土壤比阻为 $4.9\ N/cm^2$ 的割后地上以耕深 20～22 cm 作业，每耕地 1 hm^2 为一标准公顷。

②标准公顷折合系数。各种作业标准标准公顷折合系数是由上述标准条件下耕割后地生产率和各种作业生产率的比值确定的，或是由各种作业单位工作量耗油和上述标准条件下耕割后地的单位工作量耗油的比值确定。

(2)机群平均标准台(单位功率)工作量。拖拉机年均标准台(单位功率)作业量：表示为每标准台完成的标准公顷数，或每标定功率完成的标准公顷数。

机群中实有的拖拉机台数称混合台。

标准台是以拖拉机的牵引千瓦为计算基础。凡在割后地上发出 11 个牵引千瓦的拖拉机定为一个标准台，因此各种不同功率的拖拉机都可以折合成标准台。将测得的拖拉机在割后地上的牵引功率数被 11 牵引千瓦除，即得该拖拉机的标准台数。

联合收割机、农用运输车数量的计算，一般是按发动机的标定功率作为机群运用指标中的计量单位。为了能够反映农业机械的拥有量及机械类型，宜采用按发动机标定功率和台数双重指标作为机群运用指标的计量单位。

2. 经济指标

经济指标有机群平均单位作业面积成本、机群单位作业面积耗油量等。

(1)机群平均单位作业面积成本指机群完成单位作业面积平均支付的各种费用，即机群总体全年所支付的各项费用总和被全年完成的总工作量所除而得。它反映了企业中机群运用和经营管理的水平，是一个重要的经济指标。

机群总体全年所支付的各项费用有油料费、折旧费、维修费(包括保养费用)、机组人员工资(包括附加工资)、企业管理费(包括管理人员工资和共同生产费)等。

(2)单位作业面积耗油量指机群的某型动力机械进行某种作业时，单位面积消耗主燃油数量。它与机群内机械作业时影响耗油的所有因素有关外，还取决于机群内机组的空行转移耗油，保养修理用油及油料贮运添加过程中的损失量。

3. 作业质量指标

作业质量指标有两项：

(1)作业适时率。作业的适时有两方面的含义：一是按农时季节适时期完成作业；二是在作业条件适宜时期进行作业。机器在农时适期内完成的作业量与实际作业的总作业量之比称为作业适时率。

(2)作业质量合格率。作业质量合格率是达到质量标准的作业量占农机完成总作业量的百分比。

4. 拖拉机的“三率”

(1)技术完好率:指全年或某一阶段拖拉机技术状态良好,随时可出动工作的台日数占全年或某阶段在册总台日数的百分比。

(2)拖拉机出勤率:指某一时期拖拉机实际出勤的台班数占应出勤台班数的百分比。

(3)班次时间利用率:指拖拉机班次实际工作时间占班次延续时间的百分比。

【任务实施】

一、学生分组,4~5 人一组,就课前准备的农业机械机组相关知识点进行讨论。

1. 首先根据课前收集的相关资料,小组内对农业机械机群的认知进行简要讨论,得出小组内讨论结果。

2. 小组内讨论完毕,每组选出一名代表汇报讨论结果,再进行组间讨论,对于农业机械机群的概念得出讨论结果,然后由任课教师进行相关指导,得出农业机械机群的正确概念。

3. 教师展示相关农业机械机群图片,使学生进一步了解农业机械机群。

二、教师展示相关农业机械机群作业视频,结合课前收集的相关资料,讨论回答下列问题:

1. 机群运用指标有哪些?

2. 解释标准公顷、标准公顷折合系数和机群平均标准台(单位功率)工作量。

3. 何为作业适时率? 何为作业合格率?

【任务评价】

针对项目实施中的一、二部分,在实施过程中,针对不同的内容,进行小组间评价,指导教师对每组讨论的结果进行更正指导,最后概括总评,给出正确答案。任务评价表见附录。

【任务巩固】

1. 机群概念是什么?

2. 拖拉机的“三率”是指什么?

4. 机群运用指标有哪些?

5. 作业质量指标有哪些?

任务 3 农业机械机组的编组

【任务目标】

1. 能描述编组要求、编组任务和内容。

2. 了解农业机械机组的编组步骤和编组计算。

【任务准备】

一、资料准备

典型农机企业拥有的农业机械机组及编组情况、农业机械机组的编组步骤和编组计算实例、任务评价表等与本任务相关的教学资料。

二、知识准备

为了充分利用机器的动力性和经济性能，达到“高效、优质、低耗、安全”的目的，将拖拉机与作业机械进行合理组合即农业机械机组的编组。即根据拖拉机的用途、使用条件、作业牵引阻力的大小和适应的作业速度，确定拖拉机的作业速度和农具的作业幅宽。避免出现“大马拉小车”或“小马拉大车”的不合理现象。

（一）编组要求

（1）满足农业技术要求，保证作业质量。

机组作业中应符合农业技术要求。例如，耕地能达到规定的耕深、碎土和覆盖标准；播种符合行距、播量、株距和播深等质量要求。

（2）满足农时需求规定时间内完成任务。

（3）效率高能耗低。机组应充分合理利用动力机的功率，尽量减小机组的能量消耗。合理利用机组速度、幅宽已获得较高的机组生产率，同时应减少机组作业人员，特别是辅助人员。

（4）便于操作使用。

（5）安全可靠。必须保证机组人员的安全，为提高劳动生产率创造条件。

（二）编组任务

（1）按需编组，根据各种农业作业的需要，利用已有的动力与作业机具合理地编制成各式牵引机组、悬挂机组、牵引同时驱动工作部件的机组或固定机组。

（2）按照新的农业技术要求，对原有的农机具加以改进，或创制新的机具，组成新的机组从而达到“高效、优质、低耗、安全、适时”的目的。

主要内容是选定合适的动力，配备相应型号和数量的作业机具，确定工作速度和有关运用指标。

（三）编组步骤

（1）首先应具体了解该项作业的农业技术要求和机组工作的环境条件；

（2）根据作业要求和运用条件，选用合适的拖拉机和作业机械；

（3）进行编组计算，确定作业机械的数量（幅宽）和作业速度；

（4）根据机组组成，设计机组内机具的编排；

（5）进行编组实地考查。

(四)编组计算(简介)

速度和幅宽是机组作业的两个重要工艺参数,在机组速挡和幅宽可供选择条件下,才有可能选择适宜的参数。其准则应达到所选编机组的牵引效率 η_T、功率利用率 ζ_N 和时间利用率 τ 的乘积应尽可能高。为了在几种速挡和幅宽的方案中择优选取,可采用计算法对比,但计算时所用有关参数应尽可能符合当地当时的实际情况。

(1)选择速挡,满足农业技术需求。由于各种作业机械只能在以一定范围的速度工作,才能保证得到较好的作业质量,所以机组的作业速度就受到农业技术要求和作业机械式适宜速度范围等条件的限制。机组作业速度范围,见表 3-2。

表 3-2　机组作业速度范围　km/h

作业项目	作业速度
耕地	5～7.5(水田);8.5～9(旱田)
旋地	3～4(水田);2～3(旱田)
耙地	6～10
播种	5～9
中耕	4～8
农田喷药	5～9
谷物收获	3～4.5
农业运输	15～30

注意:根据适宜速度和拖拉机挡位情况选择速挡,优先考虑牵引效率较高、经济性较好的挡位为作业挡(可能有几个挡位都能满足速度范围要求);Ⅰ挡一般是作为后备挡(储备挡),供超负荷时使用,编组时一般均不列入。

(2)确定所选各挡的牵引力:查阅与当地使用条件相近的拖拉机牵引特性资料,也可用计算的方法求出各挡的标定牵引力或正常牵引力。

(3)确定作业机械的比阻:可查阅资料或用实地测量的方法确定;

(4)计算各挡能牵引的作业机械的最大幅宽 B_{max}:

(5)计算各挡所能机械台数或工作部件的组数 n_n:

$$n_n = \frac{B_{max}}{b} \tag{3-10}$$

式中:b—1 台作业机械或 1 组工作部件的幅宽。

注意:计算结果要舍去小数。

(6)编组方案的对比选择。对比选择的指标要符合生产率高和单位面积作业成本低两个要求,而且牵引力利用系数适宜,才能作为选用的方案。

(7)进行编组的实地考察。编组计算时,相关参数均按定值计算。并没考虑到工作速度、土壤条件及作业机械的技术状态的具体变化,因此编组计算结果可能与实际情况不符,这就需要在编组后,在作业过程中进行实地考察。

【任务实施】

一、学生分组，4～5 人一组，就课前准备的农业机械机组的编组相关知识点进行讨论。

1. 首先根据课前收集的相关资料，小组内对什么是农业机械机组的编组进行简要讨论，得出小组内讨论结果。

2. 小组内讨论完毕，每组选出一名代表汇报讨论结果，再进行组间讨论，对于什么是农业机械机组的编组得出讨论结果，然后由任课教师进行相关指导，得出对农业机械机组的编组的正确认知。

二、教师展示农业机械机组编组的相关资料，讨论回答下列问题：

1. 农业机械机组的编组要求是什么？

2. 农业机械机组的编组完成什么任务？

3. 农业机械机组的编组有哪些内容？

4. 简述农业机械机组的编组步骤。

【任务评价】

针对项目实施中的一、二部分，在实施过程中，针对不同的内容，进行小组间评价，指导教师对每组讨论的结果进行更正指导，最后概括总评，给出正确答案。任务评价表见附录。

【任务巩固】

1. 机组编组即____。

2. 编组的要求有____________、____________、____________、____________和____________。

3. 编组的任务是____________、____________。

4. 编组的主要内容有____________、____________和____________。

项目 2

认知机组的主要性能

【项目描述】

农业机械机组由动力部分、传动机构、作业系统和操作系统等组成，机组是动力机械联结作业机械进行作业的整体，农业机组的典型代表是拖拉机机组。拖拉机的动力性能，主要是指在一定运用条件下拖拉机能够发挥出最大的牵引功率，从而使机组以最大的生产率工作的性能。

此项作业的目的就是通过对拉机驱动力的形成及机组运动性能介绍，认知拖拉机的驱动力和牵引力和机组运动性能，进而解决实际问题。

本项目分为认知拖拉机的驱动力和牵引力、认知机组运动性能共 2 个工作任务。

通过本项目的训练，认知拖拉机驱动力的形成及机组运动性能等工作内容；熟悉拖拉机的牵引平衡方程式，掌握机组田间行走方法的选择原则和改善拖拉机的牵引性能的措施；培养学生认真严谨踏踏实实的工作态度以及同学间沟通协作能力。

任务 1　认知拖拉机的驱动力和牵引力

【任务目标】

1. 能描述拖拉机驱动力的形成，熟悉拖拉机的牵引平衡方程式。
2. 了解拖拉机牵引特性，掌握改善拖拉机的牵引性能的措施。

【任务准备】

一、资料准备

拖拉机机组在不同条件下的作业视频、拖拉机的驱动力和牵引力、任务评价表等与本任务相关的教学资料。

二、知识准备

(一)拖拉机的驱动力

拖拉机驱动轮受力如图 3-3 所示。

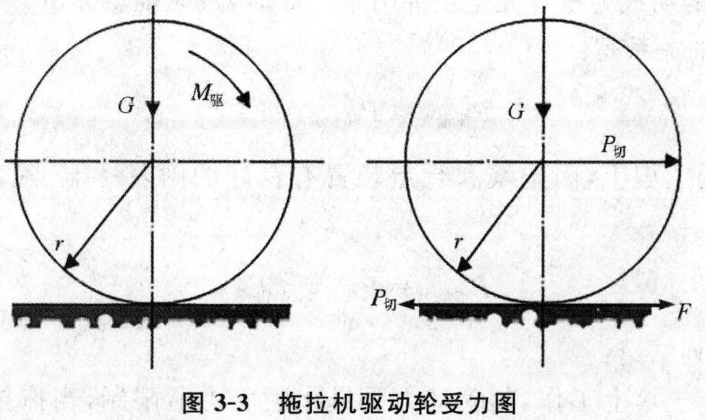

图 3-3　拖拉机驱动轮受力图

驱动力矩 $M_{驱}$：发动机通过传动系统对驱动轮作用的力矩。

切线力 $P_{切}$：驱动轮上的驱动力矩 $M_{驱}$ 可分解为一个力作用于轮心上，另一个力作用于与地面接触的轮缘上，彼此距离与驱动轮半径相同，这对力（力偶）就是驱动轮上的切线力。

当驱动轮与地面发生接触后，地面受到驱动轮重量 G 和边缘切线力 $P_{切}$ 的作用。因此，支持面也将产生与轮缘切线力的方向相反、大小相等的切向反力 F，此切线反力是作用于轮缘上的外力，因此，F 与 $P_{切}$ 两力可以瞬间平衡，剩下作用于轮心的切线力 $P_{切}$ 自由驱动轮轴传动至拖拉机机架。

驱动力 $P_{驱}$：若切线力 $P_{切}$ 自大于或等于拖拉机和农具运动时所产生的阻力之和，则机组向前移动。这时，作用于轮心的切线力 $P_{切}$ 就转化为拖拉机的驱动力 $P_{驱}$。

附着力 F：即地面对驱动轮的切向反力。

切线力 $P_{切}$ 在足够的切向反力 F 存在的条件下所转化而来的，切线力的大小与发动机的有效功率、传动比和传动效率与切线力成正比，发动机的额定转速及驱动轮的半径与切线力成反比。仅有驱动力的转矩 $M_{驱}$ 时是不能使拖拉机驱动轮发生移动。所以机组的向前移动，是依靠着驱动轮与土壤的附着力 F 而产生的。

拖拉机以不同速挡工作时，有不同的标定切线力，高挡的标定切线力较小，低挡的标定切线力较大。

（二）拖拉机驱动轮上的附着力

1. 拖拉机驱动轮上的附着力

地面之所以能够产生对驱动轮的水平反力，主要依靠两种作用，一是地面与驱动轮接触表面之间的摩擦作用，二是土壤与压入土壤中的驱动装置之间的剪切作用，这两种作用总称为附着作用，土壤对驱动轮的附着作用所产生的水平切线力称为附着力。

影响驱动装置和土壤间的附着性能的主要因素主要有：驱动装置的结构形式和接地面积；拖拉机的附着重量，土壤类型、土壤水分和地表状态等。在实际应用中常常实验方法来确定最大附着力 $F_{最大}$。

2. 驱动力和土壤条件的关系

拖拉机实际产生的驱动力 $P_{驱}$ 不单是由切线力 $P_{切}$ 所决定的，而且要通过土壤对驱动装置的反作用力而推动拖拉机前进。

拖拉机在比较松软的土壤上，最大推动力等于松软土壤状况下的最大附着力 $F_{最大}$，而在这种情况下，拖拉机的切线力没有完全发挥出来。此时，最大推动力 $P_{驱最大}$ 往往小于最大切线力 $P_{切最大}$，它们三者的关系是：

$$P_{驱最大} < P_{切最大} = F_{最大} \qquad (3\text{-}11)$$

拖拉机在坚实的土壤上，因土壤和行走装置有良好的附着性能，附着力 $F_{最大}$ 是较大的。此时三者的关系是：

$$P_{推最大} = P_{切最大} < F_{最大} \qquad (3\text{-}12)$$

由此，可得出下列结论：

拖拉机在松软的土壤上工作，其驱动力受最大附着力所限制，当拖拉机机组负荷增大到

$F_{最大}$以上时，将产生原地打滑现象。

拖拉机在坚实的土壤上工作，其驱动力受最大切线力限制。当拖拉机机组负荷增大到$P_{切最大}$以上时，将产生发动机熄火现象。

所以，只有当土壤与拖拉机之间的附着力大于或等于拖拉机所产生的切线力时，才能充分利用拖拉机的有效功率，使拖拉机的切线力完全转化为驱动力。

(三)拖拉机的牵引力

1. 拖拉机的牵引平衡方程式

如图 3-4 所示，在拖拉机挂钩上产生的力称为拖拉机的牵引力 $P_{牵}$，这个力是由拖拉机驱动轮上产生的驱动力 $P_{驱}$ 减去了拖拉机在行驶中出现的各种阻力以后获得的。假设拖拉机匀速运动，则其在行驶中产生的阻力有拖拉机的滚动阻力 $P_{滚}$、上坡阻力 $P_{坡}$ 等，由此可得到拖拉机的牵引平衡方程式：

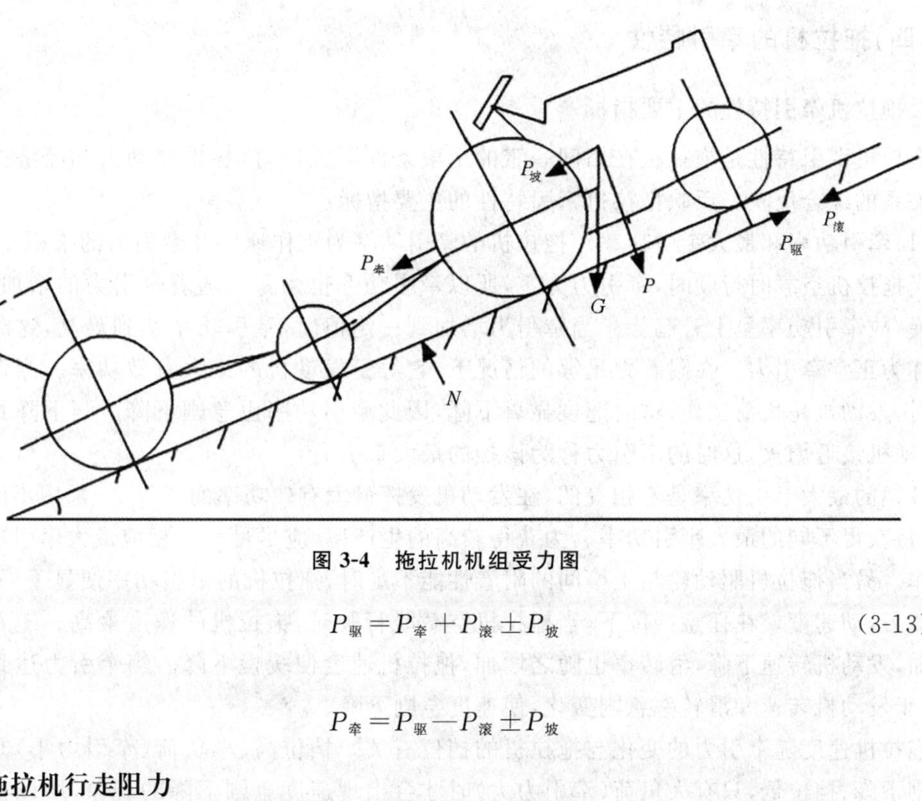

图 3-4　拖拉机机组受力图

$$P_{驱}=P_{牵}+P_{滚}\pm P_{坡} \tag{3-13}$$

或

$$P_{牵}=P_{驱}-P_{滚}\pm P_{坡}$$

2. 拖拉机行走阻力

(1)滚动阻力。拖拉机自身移动时由行走装置产生的阻力，称为拖拉机的滚动阻力 $P_{滚}$。

滚动阻力的大小和拖拉机的重量、行走装置的形式和构造参数、土壤的类型和水分、地表状况等因素密切相关。拖拉机在坚实的土壤上，滚动阻力系数较小，在松软的土壤上则较大，对轮式拖拉机则更为显著。

轮胎的气压对滚动阻力系数也有影响，一般轮式拖拉机在松软地上工作时，轮胎气压可以稍低，以增加接地面积，减少轮辙深度，降低滚动阻力系数，并提高附着性能。而在坚实光滑的路面上，就可以适当提高轮胎气压以减少滚动阻力系数，但轮胎气压的增减要适当，否则将缩短轮胎使用寿命。

链轨的紧度对滚动阻力也有影响，当拖拉机以较低挡工作时，链轨紧度松些可以减轻销连处的摩擦；当拖拉机高速空行时，则应使链轨紧度稍紧些，否则将由于链轨跳动而使滚动阻力增加。

（2）上坡阻力。当拖拉机上坡时，将产生附加运动阻力. 拖拉机的重力 G 拖分解为垂直和与坡面平行的两个分力，其中与坡面平行的分力，是拖拉机上坡时的附加阻力 $P_{坡}$。

当拖拉机下坡时，则相应产生附加推动力，其值与上坡阻力相等，方向相反。

3. 拖拉机的牵引力计算

准确确定拖拉机牵引力的方法，一般都采用拉力表或其他专门测力装置来测定；也可以通过该型号拖拉机在某种相似的土壤上的特性曲线，来查找相应的牵引力。为了便于解决某些运用问题，也可根据上述各种力的分析和相应的条件近似地用牵引平衡方程式计算出拖拉机的牵引力。

（四）拖拉机的牵引特性

1. 拖拉机牵引特性的主要指标

拖拉机牵引特性是拖拉机在田间一定的土壤条件下工作时，各重要动力和经济指标之间相互关系的综合反映。反映拖拉机牵引特性的主要指标：

（1）牵引功率和最大牵引功率。拖拉机的牵引功率为工作速度和牵引力的乘积。

当拖拉机空载时行驶时，牵引力为零，所以牵引功率也为零。随着牵引力的增加，速度开始下降，故牵引功率呈上升趋势。当牵引力增加到一定值时，牵引功率达到最高，这时的牵引力就称为正常牵引力。在附着力足够的情况下，它等于发动机的最大有效功率。当牵引力再增加时，发动机超负荷工作，这时速度显著下降，因此牵引功率也急剧下降。当下降到某一程度，发动机接近熄火，这时的牵引力称为该挡的最大牵引力。

各挡的最大牵引功率是不相等的，在发动机发挥最大有效功率的条件下，采用不同挡位工作时，将获得不同的最大牵引功率。为获得较高的生产率，应尽量采用相应最大牵引功率的挡位工作。另当拖拉机驱动轮与土壤间的附着性能不足时，拖拉机的牵引功率便显著降低。

（2）运动速度。在任意挡位下，当拖拉机空载时行驶时，拖拉机的速度最高。随着牵引力的增加，发动机转速下降，滑转率也随之增加，拖拉机速度便缓慢下降。当牵引力达到一定值时，由于发动机转速和滑转率急剧变化，使速度急剧下降。

拖拉机速度随牵引力的变化与拖拉机的挡位有关。挡位高、小负荷（牵引力小）时会使速度急剧下降；挡位低，只有大负荷（牵引力大）时才会出现速度急剧下降的现象，所以在负荷大时只能用低挡。

（3）滑转率和滚动阻力。拖拉机的滑转率滑转率随着拖拉机负荷（即 $P_{牵}$）的增加而逐渐增加，开始时增加缓慢，当牵引力达到一定程度后，滑转率急剧上升。

（4）小时燃油消耗量。当拖拉机空行时，小时耗油量为某一最小值。随着牵引力的增加，小时耗油量也增加，直到等于最大牵引功率时，小时耗油量为最大。在超负荷范围内，因发动机转速显著下降，所以小时耗油量也随之下降。

（5）燃油消耗率。燃油消耗率是拖拉机平均单位功率（每千瓦或每马力）的小时耗油量。

在轻负荷时牵引力小，发动机功率不能完全充分发挥，所以耗油率大。随着负荷增加牵引力增大，耗油率便下降，在接近最大牵引功率时，牵引力已充分发挥出来。此时耗油率最低，工作最经济。在超负荷时，机器磨损增加，发动机工作性能下降，耗油率会有所增加。

2. 影响牵引特性的因素

(1)驱动装置的构造型式。链轨式拖拉机具有较小的接地压力和良好的附着性能，因而在松软的土壤条件下比轮式拖拉机具有较好的牵引性能。同时，因为能发挥出较大的牵引力，所以在装有大功率发动机时，可以获得较高的牵引效率。但因行驶速度较低，且不适应在硬路面行驶。所以通用性较差。

轮式拖拉机在坚硬的路面上或坚实的土壤条件下牵引性能较好，但在松软的土壤条件下牵引效率较低，而且随着土壤水分的增加，将使牵引性能显著降低。因为轮子与地面附着力的限制，轮式拖拉机往往只有在较高挡位下才能获得较高的牵引效率。

(2)土壤条件。土壤条件对拖拉机的牵引性能影响很大。同一台拖拉机在不同土壤条件下所获得的牵引特性是不同的。土壤表面的坚实度越大，牵引效率越高。

(3)附着重量。轮式拖拉机依靠驱动轮与地面之间的附着力传递动力，增加附着重量，也就增加了驱动轮的接地压力，因而增加了轮子与地面的摩擦抗力和土壤的剪切抗力，所以增加了拖拉机的牵引力。

在一定土壤条件下，即拖拉机的牵引力随着附着重量的增加而增加。但是这种关系，只有在滑转率一定时才行。如果在一定的土壤条件下，规定不同的滑转率，则得到不同的关系。

(4)地形。当拖拉机在坡地上作业时，其牵引性能将发生变化，其纵向和横向的稳定性也将发生变化，一般拖拉机在正常运用条件下工作的纵向坡度，链轨式拖拉机在15°以下，轮式拖拉机在100°以下。当拖拉机在坡地上行驶时，应小心作业，注意安全。

3. 改善拖拉机的牵引性能的措施

为了改善拖拉机的牵引性能，常采用下列方法：

(1)根据不同的土壤条件，选用不同类型的拖拉机达到充分利用拖拉机最大牵引功率和最低耗油率的目的。

①轮式拖拉机的牵引效率一般在高挡时较高，在低速挡时较低。特别是在松软地上，牵引效率更低。应尽可能避免在湿软土地上用偏低速挡工作。

②履带式拖拉机的牵引效率一般在较低速挡作业时较高。在恶劣的土壤条件下，应尽可能采用履带式轮式拖拉机作业。

(2)提高拖拉机与土壤间的附着力。

①当拖拉机结构重量较轻时，使用中应适当增加附着重量。采用重量转移的办法来增加驱动轮的附着重量。例如悬挂农具的力调节法和位调节法，牵引农具适当改变挂接点高度，以及从配套农具的设计方面采取适当措施等。

②对轮式拖拉机还可采取下方法改善驱动轮与土壤的附着性能：在轮胎外侧安装固定多可伸缩的轮爪、叶轮和水田叶轮。更换特殊的轮子(如高花纹轮胎)。增设半履带式行走装置。

【任务实施】

一、学生分组，4～5 人一组，就课前准备的拖拉机的驱动力和牵引力相关知识点进行讨论。

1.首先根据课前收集的相关资料,小组内对拖拉机的驱动力和牵引力认知进行简要讨论,得出小组内讨论结果。

2.小组内讨论完毕,每组选出一名代表展示收集的相关资料并汇报讨论结果,再进行组间讨论,对于拖拉机的驱动力和牵引力得出讨论结果,然后由任课教师进行相关指导。

二、教师展示农用拖拉机作业过程的相关资料,学生进一步讨论并回答以下问题:

1.画出拖拉机的受力图

(1)说出各力的名称,并分析其与哪些因素有关?

(2)判断哪些力是动力?哪些力是阻力?

(3)什么是拖拉机的附着力?讨论分析影响驱动装置和土壤间的附着性能的主要因素有哪些?

(4)写出拖拉机的牵引平衡方程式。

2.通过对拖拉机作业过程的分析:哪些指标体现拖拉机的牵引特性?

3.针对牵引特性指标分析其影响因素并提出改善拖拉机的牵引性能的措施。

【任务评价】

针对项目实施中的一、二部分,在实施过程中,针对不同的内容,进行小组间评价,指导教师对每组讨论的结果进行更正指导,最后概括总评,给出正确答案。任务评价表见附录。

【任务巩固】

1.写出拖拉机的牵引平衡方程式。

2.何为拖拉机的附着力?影响驱动装置和土壤间的附着性能的主要因素有哪些?不同土壤条件下驱动力与附着力有何关系?

3. 拖拉机行走阻力有哪些?

4. 拖拉机牵引特性的主要指标有哪些?

5. 影响牵引特性的因素有哪些?如何改善拖拉机的牵引性能?

任务2 认知机组运动性能

【任务目标】

1.能描述机组运动的方法特点。

2.掌握机组田间行走方法的选择原则。

【任务准备】

一、资料准备

机组田间作业视频、机组各种转弯和各种田间行走方法的图例、任务评价表等与本任务相关的教学资料。

二、知识准备

(一)机组运动

移动式机组在田间作业时需要按照一定方法，有规律的运行，并对土壤、作物进行加工。机组在田间所行走的总路程由工作行程和空行行程组成。机组有负荷作用运行的路程叫工作行程，无负荷运行的路程叫作空行程。

空行程是机组完成田间作业必要的辅助过程，是非生产性时间消耗，研究机组的行走方法主要是考虑如何减少机组空行程以提高机组作业效率。此外还应当考如何提高作业质量和安全问题。

(二)机组转弯

1. 机组中心

机组转弯时一种比较复杂的曲线运动，转弯时机组中各点都有自己的运动轨迹，各点的速度和所走的路程也不想等。为研究需要要找一个能代表整个机组运动特性的点即是机组中心。

可以认为在稳定运动情况下，机组中心的运动就代表机组的运动。由于机组类型不同，机组中心位置也不同。两轮驱动的机组，驱动轴的中点为机组中心；四轮驱动的机组，两驱动轴中点连线的中点为机组中心；履带式机组，两履带中心连线的中点为机组中心。

2. 机组的转弯半径

如图 3-5 所示，机组正常转弯时，全部轮子都应向前滚动而无侧向滑移，此时各轮子轴线延长线的交点为机组转弯的瞬时中心 O_1，机组中心到机组转弯中心的距离称为机组的转弯半径(R)。

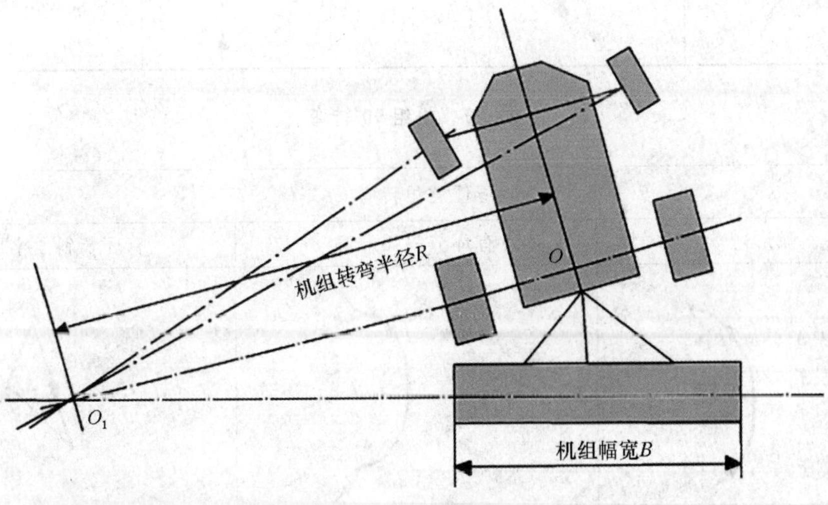

图 3-5　拖拉机转弯示意图

3. 机组的转弯形式及其比较

机组转弯时，连接装置和农具不至于破坏变形的最小半径被称为机组最小转弯半径。

其大小取决于拖拉机、农具行走部分的构造、地形、土壤状态及机组运动速度和驾驶员的操作水平等因素。挂式机组的最小转弯半径比同幅宽的牵引式机组小10%～15%，宽幅牵引式机组的最小转弯半径约等于机组幅宽。

机组作业中，以过小的转弯半径转弯时，也就是转急弯时，可能会发生农具与内侧驱动轮相碰等现象，可能造成机具损坏和其他危害，所以，要根据情况选择适当的转弯半径。

机组转弯的形式：按照转弯前和转弯后机组行走方向角改变的情况可以分为：180°转弯、90°转弯和任意角度转弯（图3-6、图3-7、图3-8）。

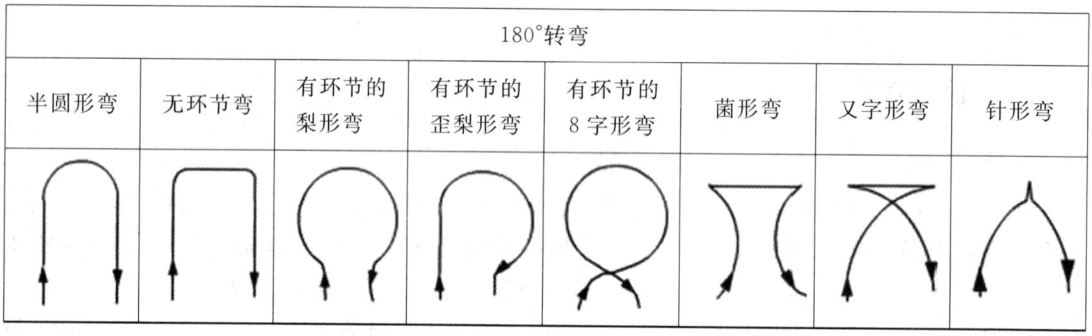

图3-6　机组180°转弯

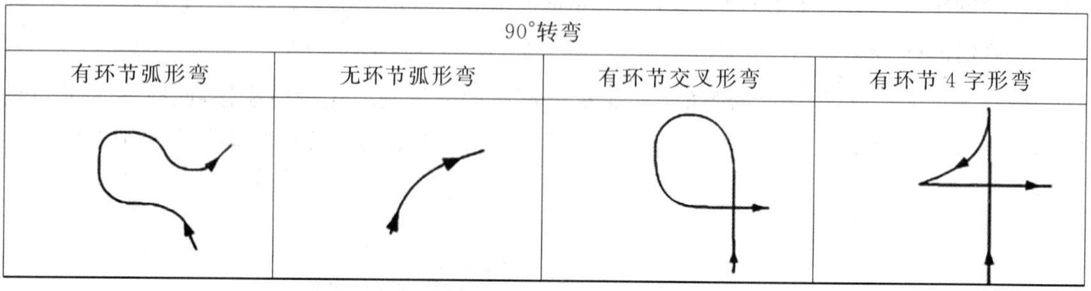

图3-7　机组90°转弯

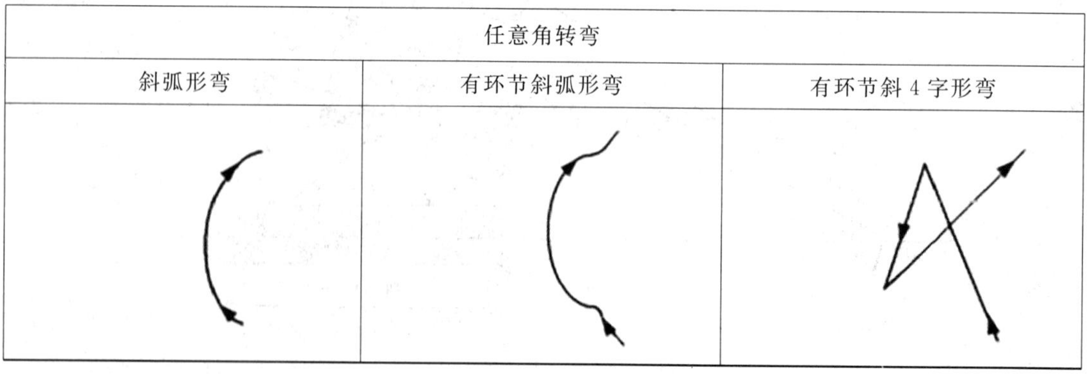

图3-8　机组任意角转弯

不同的转弯形式有不同的转弯空行程长度，也会产生不同的操向次数，影响机组的行程率和时间利用率。

4. 机组转弯评定指标

(1)转弯路程长度。

(2)转弯时的操向次数。

(3)地头宽度。地块两端供机组作空行和转弯的地带习惯上叫作地头。地头宽度也是评定机组转弯形式的指标。过宽：消耗增加。过窄：增加磨损和机械损伤。

(三)机组田间行走方法

1. 机组在田间作业时主要有三种基本行走方法

(1)长边继续工作即直行法：适用于对称机组的作业，也适用非对称机组作业。

(2)绕行法：机组沿田块的四周绕圈进行作业的行走方法。转弯地带位于地块对角线上，一般为90°转弯。适用于非对称机组的作业，也适用于对称式机组作业。

(3)斜行法：机组的行走方向与田块的边成一斜角，机组直线行走进行作业在地边或地头作空行或转弯(作业转弯或空行转弯)。主要应用于耙地等全面整地作业。

2. 机组行走方法的评价指标

机组行走方可用下列指标进行评价：

(1)作业质量：机组行走方法与作业质量有密切的关系，行走方法不合理，田间沟垄增多地表不平，未耕残留多，地头土壤压实严重作业质量恶化。为保证作业质量选择合适的行走方法十分重要。

(2)工作行程率：机组在作业小区上的工作长度与相应的总行程长度之比。它表示机组总行程中有效工作行程的利用程度，也间接表示运行时间利用率。

(3)操作方便性：转弯次数少，便于记忆和掌握，减少机具磨损，保证作业安全。

(4)与相关作业的协调性：例如中耕作物的播种与中耕作业，牧草收割铺条与翻晒、打捆等。

3. 主要行走方法及工作行程率

机组以这三种行走方法为基础，配以不同的转弯形式，可演变成多种行走方法。常用行走方法及工作行程率分析如下：

(1)梭行法。如图3-9所示，此方法是直行法中采用有环节转弯的田间作业行走方法。主要适用于播种、插秧、中耕等作业项目。机组多采用对称形式。机组入区在地头线处，沿小区长边方向行走作业，到另一端地头线时，脱离或升起作业机构做180°有环节转弯，然后开始作业，来回穿梭行走故名叫梭式行走法。

工作行程率随田块长度增加而增加，随机组转弯半径和出线长度增加而降低，与小区宽度无关。

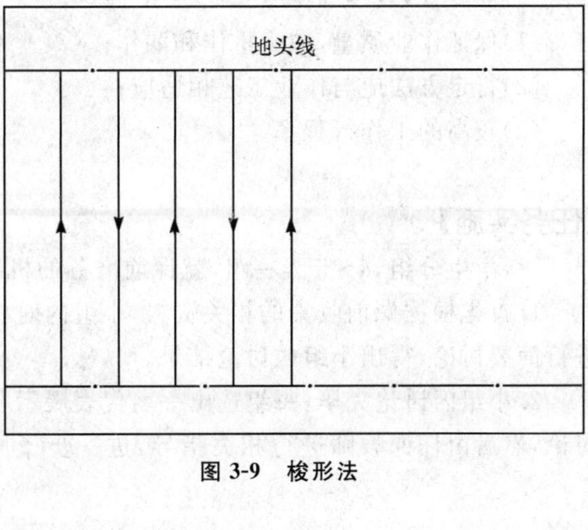

图3-9　梭形法

(2)开垄法。如图 3-10 所示，机组从小区长边入区，耕完第一犁到地头线时向左转弯空行到小区另一边进行第二犁，逆时针防线由小区外边逐渐向小区中心进行，土垡向小区外侧翻，在中央呈现一条沟，叫开垄法或外翻法。

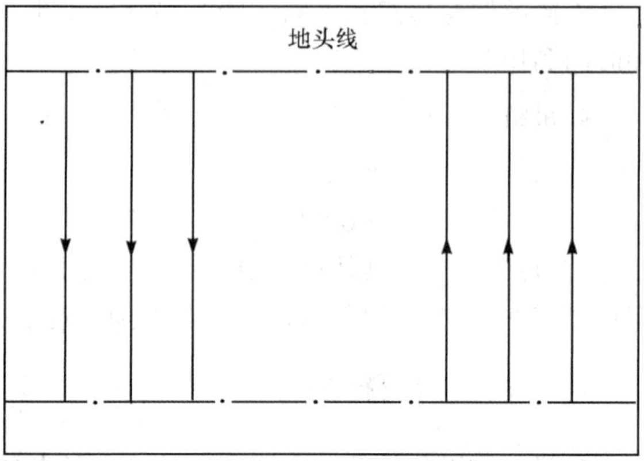

图 3-10　开垄法

开垄行走法，机组最后几个行程作有环节转弯，其余行程作无环节转弯。开垄行走时机组每一个工作行程后的空行转弯长度是逐次增加。开闭垄行走法的工作行程率随作业小区长度的增加而增加，随转弯半径、作业幅宽的增加而减少，并且与作业小区宽度也有关。

(3)闭垄法。如图 3-11 所示，机组从小区中心左边入区作业，完成第一犁后顺时针方向作一有环节转弯，再进行第二犁，土垡都向小区内侧翻，耕后小区中央出现一条垄，叫闭垄法或内翻法。

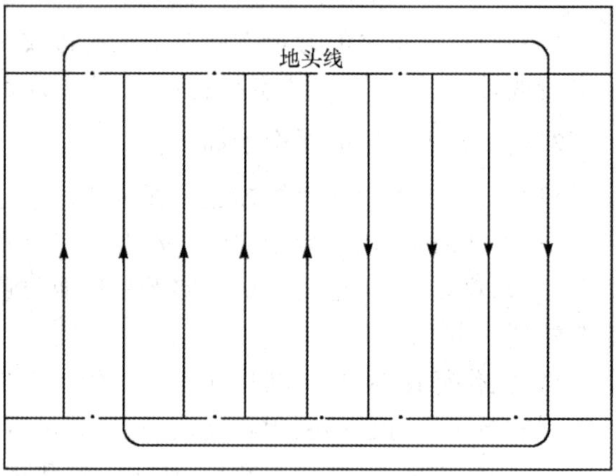

图 3-11　闭垄法

闭垄法机组开始几个行程作有环节转弯，其余行程作无环节转弯，机组每一个工作行程后的空行转弯长度是逐次减少。两种行走方法的工作行程长度和空行程长度是相同的。

(4)绕行法。绕行法主要用于收获、旋耕等作业。机组沿小区四边绕行，一般绕行法的工作行程率为 0.96～0.99，空行程相当小。

4. 机组田间行走方法的选择原则

(1)保证作业质量，减少重作和漏作；

(2)行走方法应与作业工艺相适应；

(3)较高的工作行程率。

【任务实施】

一、学生分组，4～5 人一组，就课前准备的机组运动的知识点进行讨论。

1. 首先根据课前收集的相关资料，小组内对机组运动过程、机组转弯和机组田间行走方法进行简要讨论，得出小组内讨论结果。

2. 小组内讨论完毕，每组选出一名代表展示收集的相关资料并汇报讨论结果，再进行组间讨论，然后由任课教师进行相关指导，进一步了解机组运动过程、机组转弯和机组田间行走方法。

二、教师展示农用机组作业运动过程的相关资料，学生进一步讨论并回答以下问题：

1.何为机组中心、转弯中心、转弯半径？

2.机组主要行走方法有哪些？各有何特点？

3.机组田间转弯可用哪些指标评定？

4.如何选择合适的田间行走方法？

【任务评价】

针对项目实施中的一、二部分，在实施过程中，针对不同的内容，进行小组间评价，指导教师对每组讨论的结果进行更正指导，最后概括总评，给出正确答案。任务评价表见附录。

【任务巩固】

1.机组中心是指____。

2.机组的转弯半径____。

3.机组在田间作业的三种基本行走方法有__________、__________和__________。

4.机组行走方法的评价指标有__________、__________、__________和__________，选择原则有__________、__________和__________。

5.简述机组在田间作业主要行走方法及适用的作业项目。

项目 3

认知农机具的阻力

【项目描述】

农机具的牵引阻力是影响机组运用效果的一个重要参数，只有对其有足够的认知，才能在工作中能采取降低阻力的各种措施。

此项作业的目的就是通过对农机具牵引阻力、影响农机具牵引阻力因素的介绍，认知农机具牵引阻力的构成，影响农机具牵引阻力的因素，进而解决实际问题。

本项目分为认知农机具牵引阻力、认知影响农机具牵引阻力的因素共2个工作任务。

通过本项目的训练，认知农机具牵引阻力、影响农机具牵引阻力的因素等工作内容；熟悉农机具牵引阻力的构成和影响因素，掌握降低机组的牵引阻力的措施；培养学生认真严谨、踏踏实实的工作态度以及同学间沟通协作能力。

任务1　认知农机具牵引阻力

【任务目标】

1. 熟悉农机具牵引阻力的构成。
2. 掌握降低机组的牵引阻力的措施。

【任务准备】

一、资料准备

不同耕作条件下农机具作业视频、农机具受力图、任务评价表等与本任务相关的教学资料。

二、知识准备

农机具的牵引阻力是影响机组运用效果的一个重要参数，只有对其有足够的认识，才能在工作中能采取降低阻力的各种措施。

农机具的牵引阻力可分为空行阻力和工作阻力。当农机具在非作业状态运动时，其阻力称为空行阻力；农机具进行工作时所产生的阻力，称为工作阻力。通常所说的牵引阻力就是指农机具的工作阻力。

（一）农机具牵引阻力的构成

（1）农机具移动的滚动阻力 R_f：即农机具空行移动时所产生的阻力。包括农机具行走装置与土壤摩擦，轮轴与轴套的摩擦以及行走装置使土壤压缩变形所产生的阻力等。

滚动阻力的大小与机具重量、机轮类型和结构参数、土壤和地面状态、农机具行走速度及润滑调整情况有关。

（2）工作部件和加工对象间的摩擦阻力 R_F：这类阻力如土壤与犁铲、耙片、开沟器等的摩擦，茎秆与切割器的摩擦，种子和排种装置的摩擦等。摩擦阻力在各种作业机械中约占总阻力的15％～35％。

(3)工作部件使加工对象产生变形的阻力 R_d：这类阻力如耙地时土壤的破碎，培土、开沟时所产生的土壤变形等。

(4)工作部件使加工对象产生变形和运动的阻力 R_g：如耕地时土壤垡片的抛翻，耙地等作业中土壤的位移，收割时推移茎秆的阻力等。工作部件使加工对象产生变形和运动这两种阻力，占工作总阻力的比重较大，如铧犁工作时使土壤变形和运动的阻力约占总阻力的75%，且随工作件刃口厚度和工作速度的增加而增加。

(5)农机具传动机构的摩擦阻力 R_m：指用农具行走轮驱动传动机构所产生的摩擦阻力。至于由拖拉机动力输出轴驱动农具传动机构所产生的阻力矩不表现为牵引阻力形式。

机组在坡地上沿纵坡工作时，还有坡度阻力 R_a。

综上所述，农机具在坡地上稳定运动时总阻力 R 表示为：

$$R=R_F+R_f+R_d+R_g+R_m+R_a$$

此式是农机具阻力构成的一般公式，随着作业种类、机具类型和环境条件的不同，阻力的构成项目也有所不同。

(二)比阻

农机具的牵引阻力可用比阻来表示。比阻是指农机具单位工作幅宽或单位工作断面所受到的阻力。

1. 犁的比阻

犁的比阻一般指犁单位工作面积上所受的阻力，计算公式如下：

$$K_O=\frac{R_{犁}}{abn}\ (\mathrm{kg/cm^2}) \tag{3-14}$$

式中：K_O—阻力系数($\mathrm{kg/cm^2}$)，也称为耕地的土壤比阻；

$R_{犁}$—犁的工作阻力；

a—耕深(cm)；

b——个犁铧的幅宽(cm)；

n—犁铧数。

犁的牵引阻力受土壤条件的影响差别很大。耕地的土壤比阻和犁的牵引阻力与土壤性质、犁体技术状态(犁体曲面的几何参数和形状、犁铧锐钝程度、犁重以及犁壁清洁度等)、耕地深度及耕地速度有关。如，在正常的土壤湿度下耕地的比阻最小，而在过分干燥或潮湿的土壤条件下耕地时，比阻就增大。在荒地上耕地，犁的比阻要比在熟地上大得多。

2. 其他农机具的比阻

除犁以外的农机具如播种机、中耕机、圆盘耙等的比阻，一般以每米工作幅宽的阻力 K 来计算，即：

$$K=\frac{R_{机}}{b}\ (\mathrm{kg/m}) \tag{3-15}$$

式中：K—非犁农机具的比阻(kg/m)；

$R_{机}$—农机具的工作阻力(kg)；

b—农机具的工作幅宽(m)。

实际工作中牵引阻力与土壤种类、湿度及整地情况，都有很大关系。各种收割机具的阻力，其空行阻力占牵引阻力中的很大比重，如割草机具的阻力，其空行阻力占牵引阻力的55%以上，牵引谷物联合收割机97%的阻力是空行滚动阻力。

(三)降低作业机械比阻的措施

1.结构措施

采用悬挂式机械以代替牵引式机械；采用装备低压轮胎和弹性悬架的机械；用滚动摩擦代替滑动摩擦；降低机械重量等。

2.工艺措施

按照工艺过程合理化的要求来改善作业机械的工作部件；采用复式机组和联合机组等。

3.运用措施

对作业机械及时高质量地进行技术维护；精确安装和调整各个机构；正确地连接或悬挂作业机械；选择最合理的行走方法等。

4.改善自然条件

包括平整土地、清除田间树丛、石块，改变土壤结构等。

【任务实施】

一、学生分组，4～5人一组，就课前准备的农机具牵引阻力的知识点进行讨论。

1.首先根据课前收集的相关资料，小组内对农机具牵引阻力的组成和比阻的概念进行简要讨论，得出小组内讨论结果。

2.小组内讨论完毕，每组选出一名代表汇报讨论结果，再进行组间讨论，对于农机具牵引阻力的组成和比阻的概念得出讨论结果，然后由任课教师进行相关指导，认知和掌握农机具牵引阻力的组成和比阻的概念。

二、教师展示农用机组作业过程及农机具牵引阻力相关资料，学生进一步讨论并回答下面问题：

如何降低降低作业机械比阻？

【任务评价】

针对项目实施中的一、二部分，在实施过程中，针对不同的内容，进行小组间评价，指导教师对每组讨论的结果进行更正指导，最后概括总评，给出正确答案。任务评价表见附录。

【任务巩固】

1.农机具牵引阻力由＿＿＿＿＿＿、＿＿＿＿＿＿、＿＿＿＿＿＿、＿＿＿＿＿＿和＿＿＿＿＿＿构成。

2.比阻是指＿＿＿＿＿＿＿＿＿＿＿＿＿＿＿＿＿＿＿＿＿＿＿＿＿＿＿＿＿＿。

3.降低作业机械比阻的措施有哪些？

任务2 认知影响农机具牵引阻力的因素

【任务目标】

1. 熟悉影响农机具牵引阻力的因素。
2. 掌握降低作业机械比阻的措施。

【任务准备】

一、资料准备

不同耕作条件下农机作业视频、农机具受力图、任务评价表等与本任务相关的教学资料。

二、知识准备

(一)影响农机具牵引阻力的因素

影响农机具牵引阻力的主要因素有:

1. 土壤湿度

土壤湿度不仅对作业质量,而且对机具比阻、机组生产率和燃油消耗都有影响。为了满足农业技术要求,降低能量消耗,机组应尽可能在合适的土壤水分范围内工作。

2. 耕作深度

据有关田间试验资料表明:如耕地时耕深 22 cm 的阻力为 1 000%,若增加或减少耕深 1 cm,则犁每米工作幅宽上的阻力相应地增加或减少 6.7%。随着耕作深度的增加,不仅总阻力增加,而且比阻也有所增加。

3. 工作部件的技术状态

土壤耕作机械的工作部件,如犁铧、圆盘等磨钝或损坏后,工作件刃口厚度和工作性能发生变化,不仅使作业质量变坏,而且使农机具的阻力增加。正确地调整、安装、润滑、保养等,对于减少作业阻力、提高作业质量、延长机具寿命都有很大的意义。

4. 农机具的作业速度

随着农机具作业速度的提高,牵引阻力也有所增加,但在现有速度范围内,牵引阻力的增加与速度的增长相比,阻力的增长相对较慢。所以,对某些提高速度可改善工作质量的作业(如中耕地),以及某些轻负荷作业适当提高机组作业速度是合理的。

(二)农机具牵引阻力的不稳定性

由牵引阻力的影响因素可知农业机组的牵引阻力不是定值,而是波动的。农具的牵引阻力经常变化的特性称为作业阻力的波动性。

产生阻力波动的原因很多，如加工对象（土壤、作物）变形的时间间歇性，地表凸凹不平和坡度不等；加工对象的物理机械性质不均匀；如植株疏密不同，土壤忽软忽硬，湿度不均等；作业工艺过程中机具使用重量变化等。在工作过程中，阻力的平均值也在波动，如耕地时机组突然通过较之一般更干、更硬的土壤，多石土壤或留有树根的地段。

阻力的波动性反映在发动机上就是外负荷的不均匀性。如果这种不均匀的变化周期很短，能够被机组的惯性克服，不会影响发动机的正常工作；如果阻力不均匀的变化周期较长，机组牵引阻力的激烈波动将引起发动机阻力矩的波动，一般不能依靠机组的惯性来克服，所以就要影响发动机工作。在实际工作中，拖拉机可能经常出现超负荷或熄火现象，使机组的动力性和经济性严重恶化。因此，在确定发动机合理负荷时，必须考虑阻力波动的影响，留有一定的功率贮备，以克服暂时增长的阻力矩。

（三）降低机组的牵引阻力的措施

1. 机组应尽可能在适宜的土壤水分范围内工作，才有可能得到最小的比阻。

2. 在作业中保持合理的工作深度。

3. 正确地调整、安装、润滑、保养农具的工作部件。

4. 随着作业速度的提高，牵引阻力和比阻也有所增加，但在一般速度范围内，牵引阻力的增长与速度的增长相比，阻力的增长相对较慢。

【任务实施】

一、学生分组，4～5人一组，就课前准备的农机具牵引阻力的知识点进行讨论。

1. 首先根据课前收集的相关资料，小组内对影响农机具牵引阻力的因素进行简要讨论，得出小组内讨论结果。

2. 小组内讨论完毕，每组选出一名代表汇报讨论结果，再进行组间讨论，对于影响农机具牵引阻力的因素得出讨论结果，然后由任课教师进行相关指导。

二、教师展示农用机组作业过程及农机具牵引阻力相关资料，学生进一步讨论并回答以下问题：

1. 影响农机具牵引阻力的主要因素有哪些？

2. 降低机组的牵引阻力可以采取哪些措施？

【任务评价】

针对项目实施中的一、二部分，在实施过程中，针对不同的内容，进行小组间评价，指导教师对每组讨论的结果进行更正指导，最后概括总评，给出正确答案。任务评价表见附录。

【任务巩固】

1. 影响农机具牵引阻力的主要因素有________、________、________和________。

2. 降低机组的牵引阻力的措施有哪些？

模块四　田间农业机械化作业与管理

项目 1　农业机械作业计划的制订

项目 2　农业机械标准化作业

项目 3　认知农业技术和田间作业

项目 1

农业机械作业计划的制订

【项目描述】

正确制订机械作业计划是合理组织生产的前提，只有事先计划好才能使管理者和运用者对生产心中有数，才能利于把任务分配给最有效的机组去完成。所以，制订机械作业计划是农业机械化管理的基本工作之一。机械作业计划应包括每一机型（或机组）要完成的作业项目、作业日期、作业量、作业质量要求以及投入的机械数量等。

机械作业计划一般分年度和阶段两种，制订方法基本相同。年度计划考虑全年的总任务，内容较多，相对比较概括。阶段计划按作业生产阶段制订，如春播阶段、夏收夏种阶段、秋收秋种阶段等，也可以说是年度计划在某一生产阶段的具体化。事实上，全年农业生产繁忙时间，一般都集中在2～3个阶段内，阶段计划制订好了，年计划就落实了。

此项作业的目的就是通过对机械作业计划的制订介绍，认知机械作业计划的制订原则、机械作业计划制订的准备和方法，进而解决实际生产问题。

本项目分为认知机械作业计划的制订、机械作业计划制订的准备与方法共2个工作任务。

通过本项目的训练，认知农业机械作业计划制订等工作内容；熟悉农业机械作业计划制订的原则，掌握农业机械作业计划制订的准备及方法；培养学生认真严谨、踏踏实实的工作态度以及同学间沟通协作能力。

任务1　认知机械作业计划的制订

【任务目标】

1. 掌握机械作业计划的制订前提；
2. 掌握机械作业计划的制订原则。

【任务准备】

一、资料准备

不同地区的农业企业发展情况、农业机械数量、种类等情况以及任务评价表等与本任务相关的教学资料。

二、知识准备

机械化农业生产不仅需要一定数量的、适用的农业机械和技术合格的操作者，而且要按照农业生产的要求与自然条件去合理地组织生产，只有这样才能保证及时完成任务，并取得较好的技术经济效益。

机械作业计划是指合理地安排作业机械，按照实际需要完成全年的生产任务的作业计划。对于自己拥有机具、同时拥有土地的农业生产企业来讲，机械作业计划的制订是根据企业的生产要求和现有机器装备情况来制订的，目的是合理计算和分配机械作业任务，以指导生产。这类企业的机械作业计划是按照企业的生产任务来制订的。

随着农业生产专业化的发展，农村出现了大批的农机专业户、农机化服务组织等，他们为农户提供代耕服务。有些拥有拖拉机的用户，出于技术或经济的原因，也将部分作业请人代耕或代收。这类以服务为主的企业，其主要目的是通过服务来获取效益，其机械作业计划的制订，应按与雇用者签订的合同来安排作业进度。在与用户签订合同时，作业量要与机械拥有量及可提供的作业能力相适应，以保证按合同完成作业任务。

根据农业企业的生产实际情况，结合企业自身所拥有的农业机械数量、种类等情况，特制定以下几点农业机械作业计划原则。

(1)满足农业生产需要从本质上来讲，农艺技术和农机技术都是为农业生产服务的，其目的都是生产出更多的农产品，创造更多的效益。农业生产有很强的季节性，每种作业均有自己的作业适期，制订机械作业计划时，必须保证在作业适期内完成作业，同时必须保证作业质量。

(2)有利于发挥不同机械的作业性能。

(3)农机化企业内的机具和机手工作量和特点不同的农业机械有不同的作业性能，也有不同的特点，如履带式拖拉机具有良好的附着性能，能充分发挥其牵引力，所以应安排从事翻耕等重负荷作业。基本均衡农业生产尤其是田间作业时间短，不像工业企业那样天天有活干，在农业生产任务执行阶段，应尽可能地使企业内部的机具尤其是机手能够有相对平均的工作量，以防劳逸不均，影响机手的收入和工作积极性。

(4)农业机械大多在田间作业，受气候影响较大，同时，机具在作业中也有可能出现故障等，影响农机作业的适时性。所以在制订机械作业计划时，一定要留有余地，以防出现意外情况。

(5)避免安排多种类机组在制订机械作业计划时，其中的某些作业可以安排给不同种类的机组，如耕地作业，既可以安排履带式拖拉机机组完成，也可以安排轮式拖拉机完成。尽量安排给相同的拖拉机机组进行，这样，所需要的机具种类可以减少。

【任务实施】

一、学生分组，4～5 人一组，就课前准备的机械作业计划制订的知识点进行讨论。

1.首先根据课前收集的相关资料，小组内对机械作业计划制订的原则进行简要讨论，得出小组内讨论结果。

2.小组内讨论完毕，每组选出一名代表汇报讨论结果，再进行组间讨论，对于机械作业计划制订的原则得出讨论结果，然后由任课教师进行相关指导。

二、教师展示机械作业计划制订的原则相关资料，学生进一步讨论并回答以下问题：

1.农业生产有很强的季节性，每种作业均有自己的作业适期，制订机械作业计划时，如何保证在作业适期内保质保量地完成作业。

2.农机化企业内的机具和机手工作量不同，不同的农业机械有不同的作业性能，也有不同的特点。

【任务评价】

针对项目实施中的一、二部分，在实施过程中，针对不同的内容，进行小组间评价，指导教师对每组讨论的结果进行更正指导，最后概括总评，给出正确答案。任务评价表见附录。

【任务巩固】

1. 机械化作业的定义是什么?

2. 机械化作业计划制订的原则主要有哪些方面?

任务2 机械作业计划制订的方法

【任务目标】

1. 了解机械化作业计划制订前应注意的事项。

2. 掌握农业机械作业计划制订的方法。

【任务准备】

一、资料准备

不同地区的农业企业生产任务指标、人员机械配备等情况、任务评价表等与本任务相关的教学资料。

二、知识准备

(一)机械作业计划制订的准备

1. 农业生产任务指标

不同规模的农业生产企业,实行农业生产的种类是不一样的,在制订机械作业计划之前,首先要了解本年度的具体生产任务,如实行生产的各类作物的播种面积、产量以及实行农业生产过程所需要的技术措施。

2. 人员及机械配备

制订机械作业计划之前,要明确企业人员数量及结构,以便合理安排人员进行农业生产,并且要掌握企业拥有的农机具的技术状态,掌握机械作业效率及机组作业定额等情况。

3. 农机运用的先进经验

农机生产为农业生产提供强大的技术支持,农业企业在自身的发展成长过程中,要多了解世界及国内先进的农机设备和操作经验,及早对本企业的农机结构进行优化,对农机操作方法进行培训学习。

4. 当地农业气象与自然资源条件

农业主要是在自然条件下进行的生产活动。光、热、水、气的某种组合对某项生产有利,形成有效的农业自然资源;另一种不同的组合对农业生产有害,构成农业自然灾害。研究农业自然资源和农业自然灾害的时空分布规律,为农业的区划和规划、作物的合理布局、人工调节小气候和农作物的栽培管理提供有效的参考，以合理利用气候资源，规避不利气象因素，采取适当的农业措施，促进农业丰产，降低成本，提高经济效益。

（二）机械作业计划制订的方法

传统方法在机型与作业项目较多的情况下，难以做到对任务的最优分配和对现有机具完成作业能力的准确估计。但是它比较直观、简单，因而仍有一定的实用价值。比较科学的制订机械作业计划的方法是线性规划法，它可以根据计划目标，计算出生产率最高、或耗油最低、或作业成本最低的计划方案。当然，如果用手工计算，计算量比较大。但利用线性规划程序，在计算机上计算，工作就快速而简便。

制订机械作业计划传统的方法有经验法、负荷图表法等。下面以作业负荷图表法为例介绍机械作业计划的制订。

作业负荷图表是以机械作业负荷图表的形式来编制作业计划的一种方法。其主要内容是根据现有机器的型号和数量，针对机械作业的负荷高峰阶段进行作业任务的分配；若现有机器的拥有量不够时，在农业技术要求允许范围内可以适当调低机械作业的负荷高峰值，做到既不增加现有机器的数量，又能适时地完成机械作业任务。

作业负荷图表法的主要步骤如下：

(1)根据农业生产任务、农业技术要求，按农业生产过程列出全年农业生产过程作业日历表；根据全年作业日历表，绘制全年农业生产过程作业负荷图。

(2)根据农业生产任务和作业性质，进行人、机、畜力之间的任务分配，并列出全年机械作业日历表；根据全年机械作业日历表，编制全年机械作业总负荷图。

(3)根据农业技术要求和机械设备的特点，选定承担不同作业项目的机组，并计算出每项作业所需的机组数量和列出某机型的机械作业日历表。

(4)为了提高机组的利用率，结合生产实际，调整机组作业负荷图的高峰和低谷，并着手编制拖拉机作业负荷图表。

在以负荷图表方法编制机械作业计划时应注意以下问题：要求各机组全年任务的大致平衡；充分发挥各机组的特点和机组人员的技术水平；各机组应留有间歇时间，确保技术保养维修计划的实施；分配任务留有余地，考虑自然气候及机具故障等原因的影响，确保任务完成；便于机械设备的配套及机具的管理等。

例 4-1：表 4-1 为某机械化生产队田间作业机械化工艺方案，现根据该工艺方案制订机械作业计划。

表 4-1　某生产队机械化田间作业方案

序号	作业项目	作业期	每天作业时间/h	作业面积/hm^2	备选机具
1	压麦苗	2.15—2.21	8	100	手扶拖拉机、镇压器
2	松土	2.25—3.2	9	100	手扶拖拉机
3	喷杀虫剂	3.10—3.16	8	100	手扶拖拉机
4	收割小麦	6.18—6.25	10	100	自由式小麦联合收割机
5	运送麦粒	6.18—6.25	9	100	手扶拖拉机挂拖斗

续表 4-1

序号	作业项目	作业期	每天作业时间/h	作业面积/hm^2	备选机具
6	夏耕	6.20—6.27	10	100	东方红-75,铁牛-55,四铧犁
7	耙地	6.21—6.28	10	100	东方红-75,铁牛-55,圆盘耢
8	播玉米	6.22—630	10	100	铁牛-55,玉米播种机
9	玉米中耕	7.15—7.22	10	100	铁牛-55,玉米中耕机
10	喷药	7.24—7.31	8	100	铁牛-55,喷雾器
11	培土	8.6—8.11	9	100	铁牛-55,玉米中耕机
12	收割玉米	9.20—9.28	11	100	东方红-75,玉米收割机
13	运玉米穗	9.20—9.28	12	100	手扶拖拉机挂拖斗
14	耙茬	9.21—9.29	10	100	东方红-75,铁牛-55,圆盘耢
15	秋耕	9.21—9.29	10	100	东方红-75,铁牛-55,四铧犁
16	作埂	9.21—9.29	11	100	东方红-75,铁牛-55,打埂器
17	播小麦	9.22—9.30	11	100	铁牛-55,旋播机

从表 4-1 中可以看出,该企业负荷高峰期仅集中在从 6 月中旬开始的夏收夏种和 9 月中旬开始的秋收秋种两个作业阶段内。搞好这两个阶段计划,全年计划就基本解决。

【任务实施】

一、学生分组,4～5 人一组,就课前准备的机械作业计划制订的准备与方法知识点进行讨论。

1. 首先根据课前收集的相关资料,小组内对机械作业计划制订的准备与方法简要讨论,得出小组内讨论结果。

2. 小组内讨论完毕,每组选出一名代表汇报讨论结果,再进行组间讨论,对于机械作业计划制订的准备和机械作业计划制订的方法得出讨论结果,然后由任课教师进行相关指导。

二、教师展示机械作业计划制订的准备与方法相关图片或视频资料,学生进一步讨论并回答以下问题:

1. 机械作业计划制订前应做哪些准备?

2. 机械作业计划制订的方法有哪些?

3. 以作业负荷图表法为例,尝试制订企业作业负荷表,并对该负荷表进行讨论分析得出负荷高峰期,以便安排生产。

【任务评价】

针对项目实施中的一、二部分,在实施过程中,针对不同的内容,进行小组间评价,指导教师对每组讨论的结果进行更正指导,最后概括总评,给出正确答案。任务评价表见附录。

【任务巩固】

1. 机械作业计划制订前应做哪些准备？

2. 机械化作业计划制订前应考虑哪些影响因素？

3. 制订机械作业计划的方法有哪些？

项目2

农业机械标准化作业

【项目描述】

标准化是指在经济、技术、科学及管理等社会实践中，对重复性事物和概念通过制定、发布和实施标准，达到统一，以获得最佳秩序和社会效益。标准在农业经济实践活动中的体现就是农业标准化。农业标准化是以农业生产的产前、产中及产后的管理服务为对象，运用标准化原理和方法，使生产、管理和服务实现标准化，从而提高产量，改善品质，降低成本，增强市场竞争能力，达到农业增效、农民增收的目的。农机作业标准化是运用农田作业机械按照预定的目的、统一的要求和质量标准进行农机各项作业，它包含以下主要方面：耕地作业、耙地作业、机械整地、机械播种（施肥）、镇压、打埂、药物喷洒、机械中耕、机械收获、粮食机械化烘干、收储等。

农机作业质量，不仅关系农业现代化的发展，还直接影响到农业增产、农民增收和农民使用农机的积极性。农作物的产量、质量、防灾抗灾能力在很大程度上取决于农机作业质量。

此项作业的目的就是通过农业机械标准化作业介绍，认知农业机械标准化作业意义、农业机械标准化作业应用方法，进而解决实际生产问题。

本项目分为认知农业机械标准化作业、农业机械标准化作业的应用共2个工作任务。

通过本项目的训练，认知农业机械标准化作业等工作内容；熟悉推进农机作业标准化应采取的措施，掌握农业机械标准化作业的应用方法；培养学生认真严谨、踏踏实实的工作态度以及同学间沟通协作能力。

任务1　认知农业机械标准化作业

【任务目标】

1. 了解农业机械标准化作业的意义；
2. 掌握推进农机作业标准化应采取的措施。

【任务准备】

一、资料准备

与本任务相关的教学资料；农业机械标准化作业图片或影像资料；任务评价表。

二、知识准备

（一）农机标准化作业

农机标准化作业是农业机械化生产过程中科学管理的重要组成部分。它可以将先进的应用技术和现代组织管理等诸多方面有机联系起来，促进农机与农艺紧密结合，对提高农产品产量，降低农产品成本，改进农产品质量，提高农业经济效益，增加防灾抗灾能力都有显着的促进作用，而且在作业方式、生产技术上努力与国际对接，提高农业生产现代化水平，增强我国农产品在国内外市场的竞争优势，增加农民收入、发展农村经济、确保农产品质量安全方面发挥着越来越重要的作用。

（二）实现农机标准化作业的意义

实现农机标准化作业，就是在农机化生产过程中，突出抓好农机作业标准的实施和监督。实现农机作业标准化，有利于提高农机技术状态、提高农机作业质量、减少不必要的重复作业，是提高产量、改良质量，增加效益的有效途径。

（1）实施农机标准化作业是农业机械化的重要内容。农机标准化作业是农业机械化生产过程中科学管理的重要组成部分。它可以将先进的应用技术和现代组织管理等诸多方面有机联系起来，促进农机与农艺紧密结合，使农业生产能按自然规律和经济规律有序进行，使农业生产逐步按工业化的方式进行。

（2）实施农机标准化作业，是发展高产、优质、高效农业的需要。实施农机标准化作业，对提高农产品产量，改进农产品质量，降低农产品成本，增加防灾抗灾能力，提高农业经济效益都有显著的促进作用。离开农机标准化，就实现不了农业标准化和质量效益型农业。

（3）实施农机标准化作业，是提高农产品市场竞争力重要措施。农业品种、生产技术、作业方式上努力与国际对接，提高农业生产现代化水平，增强我国农产品在国内外市场的竞争优势，实施农机作业标准化，是一项重要的基础性和战略性的工作。

（4）实施农机标准化作业有利于资源的节约。农机作业标准是专家经过研究并验证的科学合理的生产操作规范，实施这些作业标准就能够以科学的方式完成农业生产的任务，并且达到节约的要求。比如，减少农机作业油料的使用，或保持农机良好的机况等，从而达到资源节约的作用。

（5）实施农机标准化作业有利于新技术的推广应用。农机标准化作业是科教兴农的重要载体，是推广运用先进技术的重要手段，是使农业科技成果迅速转化成现实生产力的有效途径。种植规模化、作物生产基础化、农业精准化和田间作业的规范化，都要通过实施农机作业标准化来完成的。在农机化新技术推广过程中，农机推广部门为使技术准确的应用，都要制定一些规范化的农机新技术规程，而这些规程就是农机标准化的具体体现，通过实施这些规范，就可以把新技术应用到农业生产实践之中去，达到农民增产增收的目的。

（6）实施农机标准化作业有利于农机社会化服务市场的建设。随着农机社会化服务体系网络的发展和健全，对农机作业标准化的要求会更加迫切。农机社会化生产的规模的扩大，相应的作业质量纠纷发生的就会越多，如何解决这些纠纷，农机作业标准就成为一个解决问题的标尺，用技术法规，即农机作业标准去评判质量纠纷就成为一种必然。因此，推进农机作业标准化，可以促进作业质量矛盾的减少，可以评判作业质量纠纷，保障农机社会化作业体系的健康发展。

（三）推进农机作业标准化应采取的措施

1. 完善相关法律法规

法律法规和技术标准是做好农机化质量管理工作的基本依据。一是要进一步加快农机作业质量管理办法制度，建立完善的农机作业质量法规体系；二是要加大普法工作宣传力度，采取多种形式，深入学习贯彻国家、省有关农机方面的法律法规及其配套的农机作业标准化的质量管理规章等；三是加大执行法力度，全面履行农机化质量管理监督部门的职责，充分运用好质量调查，投诉监督，售后管理等手段，规范工作行为，创新工作方法，提高工作效率和依法行政水平。

2. 加快农机作业标准化体系建设

作物生产基础化、农业精准化和田间作业的规范化，都要通过实施农机作业标准化来完成的，是农业生产标准化的重要组成部分。机具作业的时间，地点和作物的不同，对农机作业的质量要求也不同。因此，必须依据当地农艺技术要求，不断完善和制定相应的农机作业技术规范或农机作业质量标准体系，以便农机作业质量的监管，便于群众监督，从而促进农机作业质量不断提高，促进农机、农艺融合，满足农业生产的需求。标准化体系制定必须坚持的四条原则：一是以现有国际标准、国家标准、地方标准为基础和依据。二是从农业生产的实际出发，总结现有的成功经验，制定切实可行的补充标准。三是标准制定具有相对稳定性，同时要根据客观实际需要不断提高和完善。四是注意农机作业标准的系统性，使各项农机作业标准统一协调。

3. 建立示范点，促进农机作业标准化建设

通过建立全程机械化标准作业示范区和关键环节标准化示范点，实施农机作业标准化，总结实施区农机作业标准化经验，形成本区域内重要农作物农机作业标准化的生产模式，促进土地要素流转，加快小地块和不规则地块的整合，使之连成片，探索农业适度规范经营和连片种植，以利于带动相关作物的农机标准化生产，便于农机作业，保证作业质量，提高农机作业标准化水平。

4. 加强对农机手的培训

没有“标准人”，干不出“标准活”，只有农机操作者的素质水平提高了，才能保证农机作业和农业生产的标准化。农机管理部门要充分利用农业技术化培训学校等资源优势，及时组织展开新机手操作保养技能的培训，开展老机手的复训，不断掌握新技术，了解新要求，确保机手能在第一时间掌握机具的安装、调试、保养、维修和先进适用的操作技能，从而确保农机作业质量符合要求。同时，利用好国家的各项优惠政策和销售企业的培训业务，广开渠道，加强督导，确保培训使农机手学到实用的知识，掌握实际操作技能，切实对农户负起责任，树立农机作业良好形象。

5. 保证农机具良好的技术状态

保持作业中的农机具技术状态完好是保证农机作业质量的前提条件和重要保证，农业机械只有在技术状态完好的条件下投入到农业生产中，才能够保证作业质量达到农艺要求。因此，要求机手必须保证作业中的农机具技术状态的完好。一是作业前按要求对对投入作业的动力机械及配套农机具进行彻底检修，做到需修的必修，该换的必换，不留任何故障隐患，杜绝机器“带病”作业，保证动力机械及农具技术状态完好，处于良好的状态。二是按要求对农机具进行技术保养，其目的是清除隐患，避免故障，保证机具经常处于完好的技术状态以提高作业质量。三是按要求操作。无论是拖拉机还是配套农机具，在使用时都必须按照所要求的技术操作规程进行操作，这是保证农机具技术状态完好和延长使用寿命的最基本常识。通过检修，使农机整体安全技术状况逐步得到改善，确保每台机具以良好的状态投入到农业生产中，保障农机安全生产和提高农机作业质量。

6. 强化作业质量检查

加强农机作业质量法制化管理是实现农机作业标准化的重要保证。农机作业标准化是通过制定和实施农机作业质量标准，把农业生产的全过程纳入标准化管理和标准化作业的轨道，实现农机作业标准化，就是在农机化生产过程中，突出抓好农机作业标准的实施和监督。只有建立严格的质量检查制度，才能保证农机作业质量标准在作业过程中得到认真执行。各级农机质量投诉监督机构应在春耕、三夏、三秋等重要季节组织人员深入田间地头，开展农机作业质量检查，依法受理作业质量投诉，维护合法权益，规范作业行为，督促提高质量，促民增收增产。

7. 引进先进实用的器具

农机试验鉴定部门应该通过实验选型等方式，为当地引进先进实用的器具，通过组织现场标准化作业示范，提供规范的作业方法让农民了解标准要求，提高维权意识，确保农机作业质量提高，促进农业增产、农民增收。

加强农机标准化作业推广力度，提升农业综合生产能力是我们开展农机作业标准化工作的目标。既要制定标准化作业技术规程，又要积极促进标准化实施。要通过召开农机标准化生产现场会，将标准及时发放到示范户和有机户手中，并进行必要的培训，使农机使用者作业时按标准干，检查按标准看，老百姓按标准验，出现作业质量纠纷时农机部门按标准判，做到培训、指导、检查相结合，努力提高农机标准化作业水平。充分发挥农业机械在农业生产中的科技载体作用，实施标准化、规范化作业，促进质量效益型农业健康发展，加速农村发展，农业增效和农民增收步伐。

【任务实施】

一、学生分组，4～5 人一组，就课前准备的农机标准化作业知识点进行讨论。

1. 首先根据课前收集的相关资料，小组内对农机标准化作业含义、内容等简要讨论，得出小组内讨论结果。

2. 小组内讨论完毕，每组选出一名代表汇报讨论结果，再进行组间讨论，对于实施农机标准化作业和推进农机作业标准化应采取的措施得出讨论结果，然后由任课教师进行相关指导。

二、教师展示农机标准化作业相关图片或视频资料，学生进一步讨论并回答以下问题：

1. 实现农机标准化作业的意义有哪些？

2. 推进农机作业标准化应采取的措施有哪些？

【任务评价】

针对【任务实施】中的一、二部分，在实施过程中，针对不同的内容，进行小组间评价，指导教师对每组讨论的结果进行更正指导，最后概括总评，给出正确答案。任务评价表见附录。

【任务巩固】

1. 什么是农机标准化作业？

2 实现农机标准化作业的意义有哪些？

3. 推进农机作业标准化应采取的措施有哪些？

任务2　农业机械标准化作业的实施

【任务目标】

掌握农业机械标准化作业的实施。

【任务准备】

一、资料准备

调查并记录若干地区犁耕作业、旋耕作业、深松作业、起垄作业、灭茬作业、耙地作业的作业标准，准备任务评价表等与本任务相关的教学资料。

二、知识准备

下面以山东省农业机械的作业标准，从犁耕作业、旋耕作业、深松作业、起垄作业、灭茬作业、耙地作业加以说明。

(一)犁耕作业

犁耕作业质量指标应符合表4-2的规定。

表4-2　犁耕作业质量指标

项目	指标	
	大拖配套犁作业	小拖配套犁作业
作业深度(耕深)	≥要求耕深	
耕深稳定性变异系数/%	≤10	≤10
作业幅宽(耕宽)	≤1.05×理论幅宽	
植被覆盖率/%	≥60	≥50
碎土率/%	≥65	≥70
地表平整度	≤6	
垄(伏)脊高	≤1/3要求耕深	
垄(墒)沟深	≤1/2要求耕深	
地头地边状况	地头地边整齐，处理合理；地头长不得超过1.5倍机组长	

注：1. 配套拖拉机发动机功率≤11.2 kW(15马力)、配犁单铧幅宽≤20 cm。
2. 该指标值不适用于秸秆还田的地块。
3. 该指标值适用于墒土适宜期的犁耕作业。

(二)旋耕作业

旋耕作业质量指标应符合表 4-3 的规定。

表 4-3 旋耕作业质量指标

项目	作业深度（耕深）	耕深稳定性变异系数/%	地表平整度	碎土率/%	植被覆盖率/%	邻接作业幅重叠宽度合格率/%
指标	≥要求耕深	≤15	≤5	≥75	≥55	≥80

(三)深松作业

深松作业质量指标应符合以下规定:作业深度(深松深度)≥要求深度,松深稳定性变异系数≤20%,深松作用宽度≥4/5 深松深度。

(四)起垄作业

起垄作业质量指标应符合表 4-4 的规定。

表 4-4 起垄作业质量指标

项目	垄高合格率/%	垄顶宽合格率/%	垄间距合格率/%	垄长直线性/%	地头地边状况
指标	≥75	≥70	≥75	≤5	垄到边、高低一致、地头整齐

(五)灭茬作业

灭茬作业质量指标应符合以下规定:作业深度(灭茬深度)≥农艺要求,灭茬合格率≥86%。

(六)耙地作业

表 4-5

项 目	指 标		
	轻耙作业	中耙作业	重耙作业
耙深稳定性变异系数/%	≤15	≤17.5	≤20
碎土率/%	≥70	≥60	≥55
耙后地表平整度/cm	≤3.5	≤4	≤4.5
灭茬合格率/%		≥80	≥80
邻接作业幅重叠宽度合格率/%		≥85	

注:1. 轻耙包含悬挂中耙,主要用于耕后碎土,在已耕地一次作业检测。

2. 中耙不包含悬挂中耙,主要用于耙茬或耕后碎土。

3. 重耙主要用于耙茬、耙荒或耕后碎土。

【任务实施】

一、学生分组，4～5 人一组，就课前准备的农机标准化作业实施知识点进行讨论。

1. 首先根据课前收集的相关资料，小组内对农机标准化作业实施简要讨论，得出小组内讨论结果。

2. 小组内讨论完毕，每组选出一名代表汇报讨论结果，再进行组间讨论，对于农机标准化作业的实施得出讨论结果，然后由任课教师进行相关指导。

二、教师展示农机标准化作业的实施相关图片或视频资料，学生进一步讨论并回答以下问题：

1. 黑龙江省犁耕作业的质量指标有哪些？

2. 黑龙江省旋耕作业的质量指标有哪些？

【任务评价】

针对项目实施中的一、二部分，在实施过程中，针对不同的内容，进行小组间评价，指导教师对每组讨论的结果进行更正指导，最后概括总评，给出正确答案。任务评价表见附录。

【任务巩固】

1. 旋耕作业有哪些项目，作业指标是什么？

2. 轻耙作业有哪些项目，作业指标是什么？

项目 3

认知农业技术和田间作业

【项目描述】

农业机械化生产过程中，各种机械作业都要符合农业技术的要求，只有采取符合农业技术要求的作业方法，才能高效、优质、低耗、安全地完成农业生产。

在农业生产过程中，既要满足农业技术要求的适宜时期，又要满足机组作业条件的适宜时期这样才能保证农产品质量。如小麦收获一般为蜡熟末期，提前收获会导致籽粒不饱满，产量降低；延期收获则会造成落粒影响产量，也有可能在降雨后出现穗发芽，影响小麦品质。如河南地区小麦播种一般要求 9 月底前播完，晚播则会造成分蘖减少，故从 10 月 1 日开始，每晚播一天，要增加 0.6 kg 种子，使投入增加。

此项作业的目的就是通过农业技术对田间机械化作业的要求和田间作业介绍，认知农业技术对田间机械化作业的要求、田间作业的种类和管理方法，进而解决实际生产问题。

本项目分为认知农业技术对田间机械化作业的要求、认知田间作业共 2 个工作任务。

通过本项目的训练，认知农业技术对田间机械化作业的要求和田间作业等工作内容；熟悉农业技术对田间机械化作业的要求，掌握田间作业的种类和管理方法；培养学生认真严谨、踏踏实实的工作态度以及同学间沟通协作能力。

任务 1　认知农业技术对田间机械化作业的要求

【任务目标】

1. 了解农业技术对田间机械化作业的要求。
2. 掌握减少农机作业压实的措施。

【任务准备】

一、资料准备

与本任务相关的教学资料；农业技术对田间机械化作业的要求图片或影像资料；任务评价表。

二、知识准备

(一)适时作业

农业生产具有季节性强的特点，农谚有“人误地一时，地误人一年”“春争日、夏争时”等，无不说明农时季节的重要性，也就是说，适时作业是农业生产最重要的要求之一。在农业生产过程中，把适期内完成作业的情况叫做适时性，把未能在适期内完成作业而导致产量等损失的情况叫做适时性损失。

机组作业的适时性有两方面含义：一是按农时季节适宜时期内完成作业；二是在作业条件适宜时期进行作业。前者为满足作物丰产丰收的要求，后者则为满足作业优质高效的要求。

在农业生产过程中，农业技术要求的适宜时期和机组作业条件的适宜时期有可能重合或部分重合。在机组作业中，作业适时性的影响因素机组生产率、可作业的适时天数和机组所要完成的总作业量等。由于作业任务过于集中，往往需要高生产率的机组去适应，或者需要安排更多的机组，势必引起机械配备成本上升；可作业的适时天数取决于农艺技术要求和气象条件，也取决于经济性要求。我国农业复种指数较高的地区，若不及时作业，不但影响本茬的产量而且影响下茬的产量。

(二)不重不漏，作业面积完整

我国人多地少，要在有限的土地上生产出足够的粮食，必须充分利用耕地，而重作和漏作不仅影响土地的产出率，也影响作业投入，即经济效益。

所谓重作是指某些重复作业的面积，漏作则是未作业到的面积，受机械作业的特殊性和机手的操作水平的影响，重作和漏作经常出现。

机组在田间进行机械化作业中，常常由于某种原因有一部分作业遗漏的面积(漏作)，导致作业面积不完整，影响整个地块的产量。尤其是我国农村地块面积小，有时遗漏面积占有很大比例，形成绝产区。一般用作业面积完整率指标衡量漏作情况，即

$$作业面积完整率=\frac{地块面积-残留未作业面积}{地块面积}\times 100\% \tag{4-1}$$

机组在地块上的残留未作业的漏作面积，一般分布于下列三个区域。

(1)地角。在地块四角上往往因机具无法从地边作业而残留部分未作业面积，单个地角的大小约为地头宽度的平方，整个地块的残留地角未作业面积则为4倍。

(2)工作区边。对于农具工作部件接触不到工作区边缘的机组(如农具幅宽小于拖拉机宽度的机组，非对称机组和农具行走轮轮距大于作业幅宽的机组等)，沿工作区边缘残留下未作业的地带。

(3)工作区内部。地对线处升降不及时，在作业过程中由于故障停车造成作业地段的漏作区，如发生堵塞后停车排除堵塞后未返回重作而形成的漏作区，以及机组行走直线性不良导致的接行不好而形成的漏作区。

重作的主要影响因素与工作区内部产生漏作的原因相似，如地头升降过早会形成漏作，而升降过晚则形成重作；播种作业中由于某行或某几行发生堵塞，清堵后继续作业则会形成漏作，返回重新作业则未堵的几行发生重作；机组作业行走直线性不好更是既有可能造成漏作也有可能造成重作。而重作会导致生产率降低，作业投入增加等。新加坡一项研究表明，一般漏作和重作造成的损失占投入总额的15%左右。当地每英亩地的投入一般为65～85新加坡元，以一个耕地面积为4 000英亩的农场计算，因重作和漏作导致的损失达39 000～51 000新加坡元。显然，不重、不漏是降低投入、增加收入的重要手段。

影响残留未作业面积的因素主要是机组结构性能和使用技术，而作业面积完整率，除受这两方面的因素影响外，还与地块大小有关。很明显，在一定的机组条件下，地块愈小，作业面积完整率愈低。

(三)作业速度

机组在田间作业的速度是重要的工艺参数，其选择应能满足优质、高效、低耗、安全的全面

性要求。一般的机组作业速度范围见表4-6。

表 4-6　机组作业速度范围　km/h

作业项目	作业速度
翻耕	5～9
施耕	2～4
耙地	6～10
播种	6～9
移栽、开沟	1～3
中耕	5～8
农田喷药	4～9
果园喷药	3～6
谷物收获	3～5
推土、铲土	2～4
农业运输	20～40

在农机具结构性能一定的条件下，作业速度过高或过低都将使作业质量变劣。因此，只有在一定的速度范围内，选择不同的挡速。一般情况下，拖拉机的工挡是作为后备挡，供克服超负荷用，编组时不予考虑。对复式作业机组，选择速挡范围时应考虑能兼顾机组内不同种机具作业质量对速度的要求。作业速度悬殊的农具不应编为复式机组。

(四)减少压实

在田间作业过程中，机组大多通过在田间移动完成作业任务，拖拉机轮胎和机具上的车轮会对地面产生压实作用。除镇压轮外，其他的压实大多是不利的，一是在地面上压出沟辙，破坏了地面的平整性，会引起播深不一、灌水深度不一、排水不畅等，也会影响如播种机地轮的传动等，对作业质量影响很大；二是对耕作层的土壤产生压实作用，由于机组驱动装置和行走装置对土壤的挤压和剪切作用，改变了耕层结构，进而影响作物的产量；三是机组造成的压实还需要新的耕作措施去进行疏松，造成机具和能源的浪费，增加了生产成本。

为了减轻压实，可以从以下几方面采取措施。

(1)在保证产量的前提下，尽可能减少机具的进地次数。如采用飞机播种、施肥、喷药等；近年来推广应用的保护性耕作技术取消了铧式犁翻耕，采用免耕播种，可减少作业工序3～5道；复式作业机组和联合作业机组一次进地作业可完成多道作业工序，既减少压地次数，也有利于降低作业成本。

(2)降低机组对土壤的比压和降低机组驱动装置的滑转率。机组行走装置对土壤的压力实际上是非均匀分布的，且与接地面积有很大关系，所以履带式拖拉机、并列双驱动轮拖拉机和四轮驱动拖拉机由于驱动装置接地面积较大，对土壤的压实就小，另外，田间作业时，适当降低驱动轮轮胎气压也有利于增大接地面积。

机组驱动装置的严重滑转对土壤的挤压和剪切作用更强烈，所以为了减少对土壤的破坏，机组编组时应严禁超负荷。

(3)尽量采用宽幅作业机组。机组对土壤的压实面积与行程长度有关，假如一块 100 m 长、10 m 宽的小区，用 1 m 幅宽机组作业，纯作业行程将达到 1 000 m，即会造成两条各 1 000 m 长的压实；如用 2 m 幅宽的机组作业，则纯作业行程为 500 m，即减少了一半压实。

(五)安全作业

所谓安全就是指在生产生活中人身不受伤害和财产不受损失的状态。农业机械是高效率的机械，但也存在着伤人的因素。所以，安全作业就是在机组作业过程中防止事件发生，保障机具和人的安全，避免严重的经济损失；另外还可以减轻劳动强度，提高作业舒适度和劳动效率。

【任务实施】

一、学生分组，4～5 人一组，就课前准备的农业技术对田间机械化作业要求的知识点进行讨论。

1. 首先根据课前收集的相关资料，小组内对农业技术对田间机械化作业的要求简要讨论，得出小组内讨论结果。

2. 小组内讨论完毕，每组选出一名代表汇报讨论结果，再进行组间讨论，对于农业技术对田间机械化作业的要求得出讨论结果，然后由任课教师进行相关指导。

二、教师展示农业技术对田间机械化作业的要求相关图片或视频资料，学生进一步讨论并回答以下问题：

1. 机组作业的适时性有哪两方面含义？
2. 减少压实的措施有哪些？
3. 如果违背农业技术对田间机械化作业的要求将会出现的问题有哪些？

【任务评价】

针对项目实施中的一、二部分，在实施过程中，针对不同的内容，进行小组间评价，指导教师对每组讨论的结果进行更正指导，最后概括总评，给出正确答案。任务评价表见附录。

【任务巩固】

1. 机械作业实时性的定义是什么？
2. 减少压实的措施有哪些？

任务 2 认知田间作业技术

【任务目标】

1. 了解农业田间作业的种类。
2. 掌握作业前的机组准备。

【任务准备】

一、资料准备

查阅相关资料或实地考察收集耕地、整地、播种、田间管理、农业运输等农业操作方法、视频，准备任务评价表等与本任务相关的教学资料。

二、知识准备

(一)耕地

耕地是农业作业的基础。耕地有翻耕、旋耕、松耕、免耕、少耕等，从具体的条件出发选择合适的耕作方法和农机具是耕地作业要解决的首要问题。

选择合理的耕作方法首先要满足农艺要求，耕地作业应实现的功能有碎土、翻土、松土，以改善耕层土壤状况把地表的残株、杂草、有机物和肥料翻到底层，进而消灭杂草和虫害，改善耕层结构，有利于微生物的生化过程，达到提高土壤肥力的目的。在具体生产条件下，对各项功能的要求是有差别的，应根据当地当时农艺对各项功能的不同要求来合理选择耕地方法。

1. 耕地方法

为实现耕地作业的基本任务，应根据当时当地作业工艺的不同要求合理选择耕地方法。

(1)翻耕法。在以翻土为主要目的，同时要求松碎土壤情况下选用翻耕法。一般选择铧式犁来进行翻耕。圆盘犁也可用于翻耕法，但翻土能力较差，松土、碎土能力一般，混土能力较强。

(2)松耕法。在以松土为主要目的，且不要翻土、不要搅土的条件下选用松耕法。松耕法分深松耕法和浅松耕法。深松耕法一般选用深松机(凿式或和心土犁等)，浅松耕法一般选用中耕机等。

翻耕法和松耕法比较：翻耕法的优点是能将表土、残茬、杂草、肥料、农药以及害虫等翻埋于底层，从而改善土壤结构，消灭杂草和病虫害；缺点是动土量大，且往往将湿土翻到表层、干土翻入下层而失墒，所以都有俗称的“翻多深、干多深”，另外，多年翻耕同样的深度会形成坚硬的犁底层，影响根系发育。

松耕法特别是深松耕法能使土壤疏松，利于渗水蓄水和调节土壤三相比；能打破犁底层，利于死土变活和加厚耕层；能保持土层不乱，利于土壤微生物的繁衍滋生；能保持地表的秸秆和残茬覆盖，减少蒸发，减少风蚀和水蚀。深松的缺点是功耗大，作业后易形成深松沟，会影响下道工序。

近年来，翻耕法应用越来越少，尤其是一些旱作农业大国如澳大利亚、加拿大、美国等已基本取消了铧式犁翻耕，我国农业生产中铧式犁的应用也在逐渐减少，而与之相对应的是深松的应用越来越多。

(3)搅碎耕法。以搅土、碎土为主要目的，可选用搅碎耕法。现多采用旋耕机进行耕地。旋耕的特点是：搅土、松土功能特别强，翻土功能较差；实现了耕、耙一体作业，作业后地表平整,可以直接播种。缺点是耕深不能过大(旱田一般为 10～16 cm,水田一般为 12～16 cm);消耗能量较多;旋耕对土壤破坏极大,且容易将耕层中的蚯蚓打死。

(4)免(少)耕法。随着保护性耕作技术的研究与应用越来越深入,免(少)耕法的应用也越来越多。免(少)耕法以生物技术(前茬作物根系腐烂后形成的孔道、蚯蚓的穿插和冬冻春融等)和化学技术来代替机械耕作,可以避免机械耕作带来的压实土壤的弊病,同时保持地表秸秆覆盖,以实现保水保土。

2. 翻耕作业的农业技术要求

(1)根据土壤水分的含量确定适宜的耕作期,一般土壤田间含水量在 15%～30%为土壤适耕期,田间土壤含水量大于 50%以上时,进行耕翻作业将会严重地破坏土壤(水田例外)。

(2)保证规定的耕深,一般耕深应为 18～25 cm,在耕作层较浅的土壤上,耕深层与耕作层深度相等,并应有计划逐步加深。耕深要一致,与规定耕深相差不得超过 1 cm。

(3)垡片翻转良好,将所有的残株、杂草、肥料等覆盖严密。耕后熟地应是土壤松碎、地表平整。

(4)不重不漏,耕地要直,地头整齐,耕到地边、地角。

(5)在干旱时应采用复式作业边耕边耙,减少土壤水分蒸发。

3. 作业前的机组准备

耕地机组的准备工作包括机组的选择,编组计划,犁的检修、安装与调整。犁的技术状态良好是保证耕地质量的基础,应做到部件完整不变形,工作部件刃口锋利,各部位螺丝要紧固,润滑良好,转动灵活,操作轻便可靠。

犁的主要调整项目有以下几点。

(1)牵引犁牵引点的调整。牵引犁正确牵引的标志,是在耕地过程中犁的纵梁应与前进方向一致,犁架前后、左右水平,犁的工作幅宽正常。

犁的正确牵引是通过犁的主拉杆在犁的正确位置来实现的。在实际工作中应进行试作业,并在试作业中将犁的牵引点调整合适(表 4-7)。

表 4-7 牵引装置的调整

现象	调整
前铧深,后铧浅	将犁的横拉杆向下移
前铧浅,后铧深	将犁的横拉杆向上移
后铧偏向未耕地,耕幅增大	将犁的主拉杆在横拉杆上,向已耕地方向移动
后铧偏向已耕地,耕幅减小	将犁的主拉杆在横拉杆上,向未耕地方向移动

(2)尾轮的调整。为了减少犁侧板与沟壁的摩擦阻力,尾轮的左右位置应使尾轮下边缘支持在沟壁上。不符合时,可调尾轮水平调节螺钉。为了减少犁侧板与沟底的摩擦阻力和改善入土性能,尾轮的高低位置应使尾轮的下轮缘低于后铧犁踵 8～10 mm,不符合时,可调整尾轮垂直调整螺钉来实现。

尾轮拉杆的适宜长度,应调到犁在工作状态时拉杆松弛,起犁后应张紧,并使犁架前后水平。如拉杆过长,起犁后犁架会前高后低;拉杆过短,耕地时后犁铧达不到耕深。

(3)悬挂犁的调整。悬挂犁正确牵引的标志，是耕地过程中拖拉机的左右下拉杆处于对称位置，犁架纵梁与机组前进方向一致，铧间重叠量为10～25 mm。若达不到上述标准，应进行调整。

入土性能的调整是靠改变悬挂机构连接点的高度来实现的。当耕硬地不易入土时，降低下拉杆在拖拉机上的连接高度，或提高下拉杆在犁上的连接高度，也可以提高上拉杆，将犁的横拉杆向下移。

4. 作业前的田间准备

(1)清理地块收割后留在田间的秸秆可以通过秸秆粉碎机粉碎，并抛撒均匀，不应有成堆的秸秆，以防影响耕地质量。必要时撒开有机肥料，清除其他障碍物等。机组人员要到田间了解地情，以便进行作业。

(2)田间区划根据地块条件，首先确定耕向，坡地应沿等高线耕翻，以防水土流失；翻压绿肥时应顺垄进行，并按前文介绍的地块区划方法做好地块区划。

地头转弯的标线，作为机组在地头起犁或落犁的界线，可用犁来开地头线，其深度控制在8～10 cm，垡片的翻转方向应朝向田间内侧。小区划好后，应插上标杆作为机组第一趟的目标。

5. 耕地作业

机组按照指定地点进入小区，沿第一行程标杆开始耕第一趟，俗称开墒或打墒，它是翻耕机组所开出的为以后工作行程作标准线的，所以要求直线性好，否则最后会发生耕小楔形地带的情况，不但行程率下降，而且压实已耕地的面积增多。

应根据农业技术要求和地块情况灵活地选择合理的行走方法。耕地作业常用的有以下几种方法。

(1)内翻法(也叫闭垄法)　机组由工作区中间开始耕第一犁，到地头起犁后按顺时针方向进行有环节转弯，紧接第一趟逆向耕第二犁，所以土垡向靠拢方向翻转，在中间形成一条闭拢台，机组地头转弯的空行程距离一次比一次大，最后在工作区的两边各留一个小沟。

(2)外翻法(也叫开垄法)　机组由小区两边开始，工作行程是由工作区两边向内伸展，转弯空行程越来越小，结束时在工作区中间留下一条宽沟。

(3)内外交替法在相邻的几个工作小区，依次交替地采用内翻法和外翻法。机组先进入第一区采用内翻法，耕完后机组转移到第三区，仍采用内翻法，耕完第三区后机组返回第二区，此时采用外翻法。第二区耕完之后再进入第五区，采用内翻法，第五区耕完后再进入第四区采用外翻法，依次进行，直到耕完整个地块。特征是奇数区都采用内翻法，偶数区都采用外翻法(或奇数区采用外翻法，偶数区采用内翻法)。地头转弯仍有环节，每个工作小区中间都有一条沟或垄，但各小区交界处无沟垄，整个地块内的沟和垄减少一半，适于大地块机械作业，机组行走方法简单、容易掌握。

(4)两区无环节套耕法将地块划分成两个小区，采用外翻法先耕第一小区，当未耕地剩下2～3耕幅时，机组进入第二区也采用外翻法，直到剩下2～3个耕幅时，再同时套耕一、二区。此法的特点是地头转弯没有环节，地头宽度较小，适于宽短地块。

6. 耕地作业的质量检查

耕地作业质量是后续作业质量的基础，对作物产量影响较大。为了保证作业质量，要在作业过程中及时检查和控制耕地质量，并在作业后验收。主要检查项目如下。

(1)耕深的检查作业过程中可顺着沟壁用耕深测尺测量沟墙高度，多点平均耕深不得与要求耕深相差 1 cm；作业完成后检查耕深时，可在地块对角线上取 10～20 个点，先将地表弄平，用木尺插到已耕地的沟底，测其深度，求平均值。由于耕地后土壤膨起，所以实际耕深数值中应减去 20%的土壤膨松度，雨后减去 10%。

(2)耕地平整性检查　目测检查地头、地边有无漏耕，地头是否整齐，应耕的地头、地边是否耕到；目测检查土垡翻转情况和作物残株及肥料的覆盖质量，检查地表是否平整，有无沟垄，同时扒开耕土检查沟底是否平整。

(3)重耕和漏耕检查在耕地过程中检查犁的实际耕宽。方法是先从沟墙处向未耕地量出比犁的幅宽稍大的宽度，做上标记；待第二趟犁耕过后，量出新的沟墙到标记处的宽度，两者之差即为犁的实际耕宽，若此值大于犁的耕宽，就有漏耕，反之，就有重耕。

其他耕地方法如耙耕、松耕、旋耕等除有与翻耕相同的工艺外，也有各自的具体要求。

(二)整地

整地是指耕地以后、播种以前，对土壤进行碎土、松土、镇压、平整表土等各种作业项目的总称。其目的主要是创造良好的种床，为种子的发芽、出苗和生长发育创造良好的土壤环境。

1. 整地作业的农业技术要求

(1)按农业技术要求在土壤的适宜作业期及时平整地表，使土壤松碎，没有土坷垃和土块架空现象，以利于种子的出苗和根系的生长，并可避免地表面为干风吹透而跑墒。

(2)在干旱地区播前整地作业时，保墒具有极其重要的作用。所以在耕地后应及时进行整地，以防失墒过多。

3)耙地时，耙深应符合农业技术要求，深度一致，土块破碎，地面平整，不漏不重。

(4)镇压时，压碎土块以利保墒。

(5)平地时，地表应平整，减少地表蒸发，减少后续作业阻力。

2. 整地作业的工艺方案选择

整地机具种类较多，功能各异。一般来说，各种圆盘耙的切土、碎土和松土的功能较优，并具有一定的搅土能力，但平土能力甚差；各种旋转式驱动耙及旋耕机的碎土、松土、搅土和平土的功能较优，但能耗较大；各种齿耙在轻质土壤上的松土、碎土和平土功能较优，比阻较小，但易缠草。其他还有平板式或刮板式的平土器，用于平土；V 形、环形镇压器等用于镇压。

整地作业方案的选择，包括采用哪些机具，采用单式作业还是复式作业以及确定适宜的作业速度、时间等，应根据当地土壤条件、自然条件、作物种类和机具设备等来确定。基本原则是保证以较少的工序、较短的时间、较低的成本达到较好的质量。

3. 整地作业注意事项

(1)土壤湿度对整地作业质量有严重影响，必须掌握好时机。在具有灌溉条件的地区，耕整地前的灌水造墒的灌水时间和水量必须按照耕整地的要求决定。

(2)整地机组的作业速度对作业效率和质量有显著影响，速度过高的镇压将减弱镇压作用，耙地速度过低将减弱碎土和平土作用。所以必须依据当地土地条件，选择适宜的作业速度。

(3)注意整地机组的牵引线调整,以保证整地机组前后左右的整地深度一致,且不许有严重壅土等现象。

(4)选择适宜的机组行走方向和行走方法。为了达到较好的碎土和平土效果,整地方向一般最好与耕地方向垂直或成一角度。整地方向与耕地方向一致时,平土和碎土效果差,但机组行走颠簸少,阻力也较小。在地块较规矩的情况下宜采用斜行法,在地块不规矩的情况下宜采用绕行法,小型机组可采用梭行法或套行法,整地机组大多是对称式机组,所以上述几种行走法都可以选用,但对于有些非对称式机组(如偏置耙等)只能采用绕行法或开闭垄法。有些整地机组(如耙、镇压等)转弯时可以负荷转弯,但有些机组(如驱动耙、旋耕机等)转弯时必须空行转弯,否则将损伤机具。整地作业过程中,不允许人员坐或站在整地机具上,以防发生人身事故。

(三)播种

播种作业是农业生产的关键一环。随着农业生产技术的不断发展,播种的重要性越来越大。过去曾有"三分种、七分管"一说,但现在已改为"七分种、三分管"。事实上也正是这样,以玉米为例,不少地区都有这样的经验,定苗时补苗的植株,生长到后期从外观上与其他植株没有差别,但其穗长、穗粗及百粒重等均明显差于非补苗植株,若补苗量大的话,产量肯定受影响。所以,只有播好种,才能保证苗全、苗齐、苗匀、苗壮,为作物高产创造条件。

1. 播种工艺方法的合理选择

按种苗在地面上分布状况的不同,播种(栽植)工艺方法可分为撒播、条播、穴播和精密播种等。

撒播是比较古老的手工播种方法,随着除草剂的推广应用,机械撒播应运而生,例如用飞机向水田撒播稻种,或向丘陵山地撒播树种等,播种质量较好,作业费用不算高。采用人力或机械从地边向田块撒播稻种或抛秧的方法也有所应用。窄行条播密植作物,行距为 8～30 cm,一般选用窄行条播机;中耕作物行距为 50～75 cm,宜选用宽行播种机。在密植作物和中耕作物兼种的小规模农业企业,往往只配备窄行播种机,通过局部改装和调整行距来兼播中耕作物。通用机架可以播多种作物,又可用于中耕等作业,但价格较高,很难满足多种作物的作业质量要求。穴播多采用宽行播种机,每穴播几粒种子。在穴播的基础上,出现了精密播种机,每穴只播一粒种子,可以大量节省种子和间苗用工,做到苗齐、苗壮。精密播种要求种子精选、发芽率有保证,整地质量好,注意防病虫害,播种作业速度控制在严格范围内。通常采用包衣种子。如果种子质量不佳,需要适当加大播量,即实行半精量播种,也便于采用机械间苗或人工间苗。

按播种地面的形状不同,播种方法可分为平播、垄播或沟播、畦播或厢播等。专用的起垄播种机可以一次完成起垄和播种。也可用普通播种机与起垄机配合,或先起垄后播种,或先播种后起垄。畦播可在作畦后再进行播种,但联合作业机可以一次完成作畦和播种,减轻土壤压实和提高作业效率。畦的两边为埂,厢的两边为沟。厢播也可以采用联合作业机一次完成作厢和播种,厢的规格也应谋求标准化。

按地块内种植几种作物的方式不同,又有套种与清种之分。后者是指在同一地块同一季节内只种一种作物,较易实现机械化。套种是提高复种指数的一种方法,它使两种作物有一段共生期,有利于充分利用光、热、水、肥等资源,缓和农忙季节劳力紧张程度。机械化套种可分为跨行作业和钻行作业，机组跨在田面作物的行(或带)上，或者钻入田面作物的行间，播另一种作物种子。钻行作业的小型机组的外廓宽度应小于田面作物的行距，生产率较低，有时不如采用畜力播种。由于套种是在一种作物生长到一定时期后，在预留的宽行上播种下茬作物，采用机械化作业时，将对地头即将成熟的上茬作物产生极大的影响，所以，套种机械化难度较大。

按播种作业的工序组合不同，播种方法可分为复式作业和联合作业，近年来发展较快的有整地播种联合作业机。有的小麦联合播种机可完成旋耕、平畦、播种、施肥、镇压等工序；有的铁茬播种机可在茬地条件下一次完成苗带松土、开沟、排种、施肥、覆土、镇压等工序。

地膜覆盖技术有显著的增产效果，不仅应用于蔬菜、棉花、花生等经济价值较高的作物，在高寒地区因增产幅度大也可用于粮食作物。铺膜播种联合作业机可一次完成播种、铺膜、打孔等工序。先播种后铺膜的方案较易实现机械化，但破膜放苗的工序也需要辅以手工方式。采用秧苗移栽的铺膜工艺，较难实现机械化联合作业，目前主要采用机械铺膜和手工移栽方法。

2. 播种作业质量要求及其保障措施

播种作业的一般农艺要求有：播种及时，播种量适宜；播种深度符合规定，且均匀一致；开沟不得搅乱土层，表层干土不得落入沟底，下层湿土不得翻上来，防止跑墒；种子在播行内分布均匀，种子、肥料和农药应保持规定位置，种子不得受伤害；覆土好，种子上要覆以湿土，覆土深度符合规定；按规定进行必要的镇压；播行笔直，行距一致，不重不漏，地头整齐。

在各地的具体条件下还有各种特殊要求，例如抗旱播种、防寒播种等。播种是很重要的作业，所以必须将保证播种作业质量放在首位。生产单位应该根据具体条件制订播种作业工艺规程，严格做好机具选型、机具技术准备、地块准备、生产资料(种子肥料等)准备以及作业人员的准备等一系列工作，只有认真做好上述各项工作，才能获得优良的播种作业质量。

播种机的总播种量和每个排种器的播种量都要坚持进行专门的试验调整，合格后才可允许下地播种。

除排种量外，播种同时带施肥的，也可按同样的方法调试施肥量。

目前，有些地区的农机局在播种前统一组织，将所有参加作业的播种机组集中，统一保养，统一调试，并要求在播种过程中不得任意调整播量，这是一种非常好的农机服务模式，值得推广。

3. 影响播种行距的因素及其控制

保持稳定一致的行距不但对播种作业，而且对以后的田间管理作业和收获作业都十分重要，特别是播种中耕作物时更应严格控制。播种机的开沟器应在播种机上对称地安装，偏离对称中线的距离不可过大，一般不允许超过 25 cm。开沟器之间的间距，必须在播前按行距规定要求进行检查调整，对于中耕作物有必要在专门的检查平台上调整。对于由数台播种机组成的机组，各台播种机相邻的行距也需符合规定。如果数台播种机在机组内沿横向排成一列，则各台播种机之间应是硬性连接，以保持相邻行距一致。

为保证两个行程间的邻接行距一致，避免重播和漏播，宽幅播种机组都应安装划印器。通常采用人力或液压升降的硬杆式圆盘划印器，它在地面划出浅沟，便于驾驶员识别。采用梭行行走方法时，机组左右侧均需装划印器。划印器的臂长应可靠固定。当以拖拉机中线对准划印器印迹时，划印器长度即机组最外侧开沟器中心线至划印器印迹的距离，应等于播种机组作业幅宽的一半。当以拖拉机右前轮(或右侧履带)外缘对准划印器印迹时，左、右划印器长度不相等，梭行行走方法的左划印器长度比右划印器长(恰等于两轮胎或履带外缘的距离)。

播种机组第二圈开始后即应检查调整划印器。一般应扒开相邻播行的覆土，露出种子，用直尺实测相邻行距与邻接行距。

4. 影响播种深度的因素及其控制

首先必须保证播前整地质量，地表平整，播深土层内无大土块或残茬。实施保护性耕作或免耕播种情况下，应对地表平整度、秸秆覆盖均匀性等有一定的要求。浅播作物的播深不允许有较大幅度的变化，必要时应进行播前镇压，使土壤密度趋于一致。应消除或减轻拖拉机轮辙对土壤压实的影响。播种宽行作物时应使拖拉机行走在行间，播种窄行作物时应设置松土器消除轮辙的影响。无论分体式或整体式播种机，都必须逐行检查并调整播种深度，及时检查各开沟器和覆土器的技术状态，清除残茬堵塞与土块黏附。在抗旱播种或防寒播种的情况下，更要确保播种深度符合规定。

5. 影响播种机组行走直线性的因素及其控制

播行笔直是保证播后的田间管理和收获作业质量以及提高作业效率的重要条件。如果播行弯曲，就根本不可能进行机械中耕和收获，或者造成严重损失。播种机组行走直线性与驾驶员的技术水平、拖拉机和播种机的结构性能及技术状态有密切关系。地面不平整也影响机组行走直线性。从机组行走直线性能来看，窄幅机组优于宽幅机组，高速机组优于低速机组，对称式机组优于非对称式机组，重型机组优于轻型机组。

在拖拉机行走直线性能良好的条件下，播种机的行走直线性取决于播种机阻力的变化及其稳定性。播种机每个开沟器以及行走轮的阻力经常在变化，其合力经常偏离播种机的对称中心线。机组内有多台播种机时，奇数台机组比偶数台机组的行走直线性好，因为位于中间的一台播种机具有平衡稳定作用。对于单台播种机的机组，具有奇数开沟器的比具有偶数开沟器的稳定性能要好，因为中间的一个开沟器具有平衡稳定作用。

6. 播种作业行走方法及工艺服务

播种机组一般多采用梭形行走方法。该方法较易保证邻接行距一致，不重不漏，但在短地块上工作行程率较低，所留地头也较宽，所以在短地块上宜采用套行行走方法。

播种机组的加种时间消耗一般占作业时间的10%～15%，大型播种机组可考虑选用加种运输车。一般宜组织好人力加种，种子应装成25～30 kg的小袋。应结合所采用的行走方法，在作业前计算并安排好田间放置种子的地点和每个加种点的种子量。为减少加种加肥停车的次数，可适当加大种箱和肥箱。为杜绝停车待种现象，运种机组生产率应满足播种机组作业进度的需要。

播种作业适时性要求严格，当组织整地、播种、运种(肥)的组群时，应使整地与运种(肥)的作业进度高于播种作业进度，并做好组群转移与调度，保证播种机能充分发挥其生产能力。

其他如穴播、铺膜播种、精密播种等的具体作业工艺请参阅其他相关资料。

(四)田间管理

田间管理作业项目多种多样，依气候、作物、土壤、农艺等条件不同而有所不同，一般指间苗、中耕、除草、施肥、施药、整枝和排灌等。这些项目可以单独进行，有时也可以联合作业。在精耕细作的手工生产方式的农业中，田间管理作业耗费工时很多。在机械化农业中，田间管理作业量不断减少，如通过精密播种节省间苗工作量，通过施用除草剂节省中耕除草的作业量，通过加强施基肥和种肥节省追肥的作业量，通过超低量施药减少防治病虫害作业量，通过喷灌和滴灌减少灌水工作量等。因为机械进入作物生长的田间作业，要比人工作业困难得多，且伤苗率往往较高，所以合理简化田间管理工艺方案，是实现生产过程机械化的一种有效办法。

1. 机械化田间管理作业中拖拉机的合理选择

在田间管理作业中拖拉机的作业方式有钻行和跨行两种。钻行作业需选用小型拖拉机，它的外廓宽度受限于作物行距，在果园内外廓高度受限于树冠高度。小型拖拉机钻行作业方式只适应于低水平劳动生产率的生产单位。跨行作业一般选用较大的中耕型拖拉机，特别是大规模的高水平劳动生产单位，选用专用的中耕型拖拉机是有利的。选择拖拉机应依据当地条件考虑下列几个方面的问题。

(1)拖拉机的行走装置(轮胎式和履带式)应能在作物行间顺利通过，且最好能行走在行间的中线上。因此，拖拉机轮距尺寸的调整和拖拉机行走装置的宽度应该与当地作物行距相互匹配。例如，使播种行距呈宽窄行配置。在拖拉机行走装置通过的行间，其行距应大于或等于行走装置宽度加上 2 倍的最小护苗宽度(最小护苗带宽度取决于土壤、地表状况、播行直线性、中耕机组的技术状态和驾驶员操作技术水平，一般应为 10～20 cm)。

(2)拖拉机的地隙应能保证作物不受损伤。拖拉机在植株上方通过时有些作物容易损伤，有些不易损伤而能承受一定的碰撞。在作物较高且易损伤的条件下，应选用高架中耕型拖拉机，但这种拖拉机价格较高，选用时宜权衡利弊。

(3)应尽可能减少地头的伤苗率。中耕机组的地头伤苗现象不可能完全避免，这也是妨碍机械中耕作业推广的主要原因之一。在地块短小而高产的情况下，伤苗损失更为严重。

2. 中耕作业工艺

中耕常结合间苗、除草、松土、施肥、培土等项目进行，最常用的是松土除草。在我国传统的精耕细作农业中，比较重视中耕作业，如棉花作物进行 7～8 次中耕，对于密植的谷类作物(小麦、水稻)等也往往进行多次中耕。随着除草剂的使用及其他农业技术的发展，生产中应用机械中耕作业越来越少。

为了保证中耕作业质量，必须正确选择中耕机和中耕铲。当中耕作业以除草为主要目的时，应选择适当的除草铲；当以松土为主要目的时，应选择好松土铲；当以培土为主要目的时，应选择好培土铲。

中耕机组的幅宽应等于播种机组作业幅宽，或者等于其幅宽的一半。中耕行走方法应与播种时相同，且进地、出地位置不变。为减少地头中耕伤苗，可采用与梭形播种四大圈相应的中耕行走方法。

为便于控制中耕深度，提高除草效果，减少伤苗铲苗，中耕机组速度一般为 5～7 km/h，草多土壤板结的地块，应以不超过 4～5 km/h 为宜，幼苗期中耕作业速度不宜超过 4 km/h。发动机超负荷时要及时换挡，不应用减少耕深的办法勉强工作。

3. 植保作业工艺

在防治病虫害和杂草等方面已广泛使用农药，对高产稳产起了显著作用，但化学农药的广泛应用也带来公害和安全问题，所以在施用时必须密切注意。

农药种类繁多，施药器械也多种多样。施药机械基本上可归纳为撒粉机和喷雾机两大类。

撒粉机结构较简单，使用故障少，不需用水，但它的撒粉量较大，飘移较严重，所以喷粉作业方式有减少的趋势，而喷雾作业方式得到了较大的发展。喷雾方式耗药量少，且药效好。普通喷雾机的雾滴直径约为 200 μm，弥雾机的雾滴直径为 30～80 μm，施用药液量更少。这种超低量喷雾方式不但药效较好，而且在作业过程中添加药液的时间消耗减少，从而显著地提高了机组生产率。

施药机组的选择取决于具体生产条件。在小规模低水平劳动生产率的生产单位，宜选用小型手动的药械，或者背负式的带有小动力机的药械。但是这类小型药械操作条件差，劳动强度大，生产率不高，往往不能起到防治效果。近年来，有些地方出现了植保服务公司，为用户承包植保作业。专业性的植保服务公司有可能采用大型高生产率的药械，能够及时完成大面积的防治任务，消除了小农户缺少药械、不懂技术、不能安全作业的困难，这种植保经营形式值得推广。在大规模高水平劳动生产率的生产单位，为了减少病虫害，宜自备大型植保药械，在经济上是合算的。

植保作业方式可分为机组进入作物行内施药与机组不进入作物行内施药两大类。机组不进入作物行内的施药方式是由空中或田边向田内施药。这种施药方式的优点是机组生产率高，特别适用于机组不易进入的田间（水稻田、密植作物田等）；缺点是药的飘移量大，药剂的分布和附着较差。空中施药可采用农用定翼式飞机或直升机，适用于大面积作业。采用田边施药方式时，田块的宽度应小于机组喷药宽度的两倍，否则田块中央不能有效地施药，所以田边施药方式仅适用于小块田的条件。

喷粉机组一般采用梭形法，喷雾机组采用套行法。施药是技术性和时间性都很强的作业，要有严格的作业工艺规程。必须保证施药量符合规定要求，因此，机组作业速度应保持稳定，不能任意机动变速。

为了保证喷药效果，喷雾作业不应在有露水时进行（喷粉作业可以在有露水时进行），机组在地头转弯时农药不得滴漏，在作业过程中应及时检查喷药量和喷药质量；喷药作业不应在有大风时进行，当风不大时应逆风向喷药。

喷药作业应注意人身安全。必须配备必要的劳保用品（如口罩、手套、风镜等），作业时禁止吃喝，操作人员必须经过培训。药械用完后需要及时清洗干净，以防腐蚀。

(五)收获

谷物收获工艺过程是作物栽培的关键环节，包括作物收割、脱粒、茎秆处理、运输、清选和贮藏等。谷粒成熟经历不同时期，随着成熟程度增大，籽粒充实而含水量降低，在蜡熟未至成熟适期收获后子粒含水量为 16%～20%。收获期不当则损失增大，过早收获子粒不饱满影响质量，过晚收获则落粒损失大。在多数地区收获季节的气候条件下，收获适期一般为 7～10 d，甚至 3～5 d，收获的谷物达到贮藏的安全水分（12%）的可能性很小，湿的谷粒是各种微生物（酵母菌、霉菌、细菌）活动的温床，根据温度不同迟早是要霉烂的，因此，必须迅速采取干燥措施使谷粒降低水分。可见，收获工艺是多工序、时间紧、作业间联系密切、容易受气候不良影响的复杂过程。努力降低收获损失，确保谷物质量和安全贮藏，是收获作业工艺与组织的核心问题。

1. 谷物收获工艺方法的合理选择

依自然、经济社会条件不同，各地机械化谷物收获工艺方法有较大差别，种类繁多。按进行收割、脱粒和初步清选的方式，可分为直接收获和分段收获两大类，与之相应，干燥工艺又可分为机械(热力、风力)干燥和自然(晾晒)干燥两种。用联合收割机直接收获是基本的谷物收获方法。它的优点如下：

(1)在作物充分成熟的适期内及时收回谷粒，能提高子粒品质，减少不良气候影响，收获损失较低。谷物损失占收获量的百分率，联合收割机直接收获可达 0.2%～0.5%，而传统收获方法高达 10%以上，用镰刀收割后用拖拉机带石磙压场脱粒，损失率约为 15%。

(2)节省收获工时消耗。联合收割机完成 1 hm^2 收获面积需要 2～5 h，简易收割机和脱粒机则为 60～80 h，镰刀收割和压场脱粒则需要 120～160 h。

(3)节省出来的劳动力可以保证农忙季节的其他农事活动顺利进行。存在的问题主要是年利用率低，联合收获机作业折旧成本高，但随着跨区机收的发展，联合收割机的年利用率和折旧成本高的问题已基本解决。

为保证联合收割机直接收获作业工艺的顺利进行，应该为直接收获提供必要的农艺条件，例如，植株要矮，不易自然落粒，生长成熟一致，合理栽培管理避免作物倒伏。对直接收获的农业技术要求主要有：收获应在最适当的收获期内快速完成，例如小麦应在蜡熟末期至完熟末期的 7～10 d 内结束，割茬高度应根据植株高低、稠密度、潮湿度和杂草状况，在 15～40 cm 内选择，割茬要大体一致，根据对茎秆处理的要求，或者粉碎抛散，或者收集打捆，以利于后序作业进行；认真进行各部调整，使损失率降至最低，籽粒破碎不超过规定，清洁度良好。

2. 联合收割机直接收获作业工艺

选择联合收割机应注意以下要点：发动机功率应与喂入能力或割幅相匹配，在正常情况下，自走式联合收割机每米幅宽需要 22～25 kW(总功率的 1/3 左右用于行走)；在正确调整和使用时，收获总损失应不大于 1%～2%。

直接收获作业前 10～15 d，应完成机具检修工作。除进行空转试运转外，应选择早成熟的地块，进行试割，进一步检查各部件工作情况以及改装部位是否正常，发现问题及时解决。同时要做好田地调查和地块规划。要组织领导、技术人员和操作者深入田间了解作物生长成熟情况，包括倒伏程度、植株高度、估计作物产量，以便拟定收获作业计划，包括收获期限、收获方法、人员、机具和运输工具组织，以及油物料零件准备。在地块开始收割前 3 d，应做好田间沟埂和进地道路的平整。为便于牵引式联合收割机开始作业，应事先沿地边用自走式联合收割机开出割道。在过长的地块上应按长边划分成两个区，留出卸粮运输车的通道。

从联合收割机将谷物卸到运输车辆上，有以下方法：联合收割机开到地边将粮卸到挂车里，这种方法适合于小地块和单人作业；运粮车或拖拉机牵引挂车开到联合收割机旁，这种方法比较省时间，但需要附加的人员和车辆；在联合收割机行进中将粮卸在同步前进的运粮车里，这种车辆应能自卸，同时，应使之适当配合以保证联合收割机不致停车待卸。以上均为散装运输方法，有必要时也可以加装卸粮台，在行进中装袋卸粮。

联合收割机一般采用绕形法全割幅作业。在地角转弯可采用有环节 4 字形弯等 90°转弯，为了减少转弯时压倒作物和漏割损失，地块较大时也可在收获小区先打出 V 形割道。

联合收割机的生产率和行驶速度受割幅、发动机功率、谷物产量和谷草比、地块大小和长度的影响，也受运输组织工作的制约。如果谷物倒伏，杂草多，作物潮湿，均将使生产率降低。

在作物产量高的情况下，有些机手采用减少割幅的方法是不正确的。此时，联合收割机仍应尽可能满幅作业，但可以通过降低作业速度并适当增大割茬高度来保证正常作业。经验表明，不满幅作业将引起割台损失增大，割道不整齐，造成空行增加。实际生产中，应根据作物湿度变化选用速度，一般按“早晚慢、中午快”的原则机动变速。

开始收割或转移地块后，都应及时检查收获作业质量，发现问题及时进行机具调整：

收割台工作质量。检查割茬高度，拨禾轮打掉的谷粒、穗头以及未割到或从收割台掉下的穗头，将每平方米内损失的谷粒质量减去自然落粒质量，即可求出公顷收割损失总量。

定期检查脱谷和清选工作质量。同时检查 3～5 s 内茎秆升运器卸下的茎秆、第一清洁室出口处的颖壳、进入粮箱的粮食，分出茎秆中的谷粒、未脱净穗头的谷粒、颖壳中的谷粒。茎秆中谷粒数与进入粮箱的谷粒数相比，即是分离损失；未脱净的谷粒数与进入粮箱的谷粒数相比，即是脱粒损失；颖壳中谷粒数与进入粮箱的谷粒数相比，即是清选损失。

收获期间人员工作时间较长，要切实遵守机车保养和安全防火规则；严禁任何人在田头地头躺卧休息；严禁在收割机上或成熟了的作物附近吸烟、用火；收获结束后，应迅速清洁各部并卸下皮带、筛子等存入库房，收割机也应及时入库。

3. 茎秆处理与清地

收获不同作物时产生的大量茎秆，每公顷可达 4～8 t，相当于作物产量。茎秆收获总量的大部分可以用于畜舍垫圈或作饲料，一部分可直接粉碎后还田，有些还可以工业利用。

联合收割机附设的茎秆切碎抛撒装置可以将 5～10 cm 的茎秆碎段分布在 2 m 以上的宽度内，有利于用机具浅埋或深埋还田，或者不影响免耕播种。但作物产量高的地块，从联合收割机中直接排出的茎秆厚度往往超过 20 cm，必须及时处理（打捆清运或粉碎还田），才能便于后续作业。剩余茎秆处理的原则必须保证不成堆，以防影响后续作业。

（六）农业运输

1. 农业运输的特点和内容

在机械化作业中，运输及装卸工作量占总劳动消耗的 30%～35%，占机械作业成本的 35%～40%，占总能量消耗的 50%。

农业运输的最大特点如下：有时（如收获季节）运输时间短促而运输量大，有时则任务较少，显得忙闲不均。畜产品未加工之前，大多是不能久存的，如不及时加工、储存、销售、运输，就可能遭到严重的损失。道路条件差、运输距离短、货物密度小等也是农业运输的特点。因此，正确地组织农业运输工作，对保证农业生产工作不间断地进行，减少和避免运输物质的损失，降低运输成本和解决运力不足的困难都具有重要意义。

在所有的农业货物中，有很大一部分体积大、密度小，必须考虑这一特点，争取充分利用容积和吨位，以提高货运效率。

农业运输的内容大体包括：田间运输包括收获的农产品和用于田间的肥料、种子、秧苗和油物料等；运送所需的农业生产资料、油料、农机具、维修材料及送修机具等；运送交售的农副产品；运送企业的原材料和产品；农村生活资料的运输等。

农业运输的主要工具是拖拉机配上拖车后形成的运输机组，我国农村大量拥有的三轮农用运输车，少量四轮农用运输车和少量汽车。南方河网地区，挂桨或挂机船运输具有显著的优越性，载运量大，运输成本低。

在运输作业中，由于运输工具的载质量、运行速度和运行距离等不同，装卸等辅助时间占用比例不同。因此，各种运输工具有其较经济的运输距离。一般人畜力运输车的运距在 5 km 较适宜；手扶拖拉机的运输距离在 5～20 km 范围为宜，中型轮式拖拉机与农用运输车的运输距离以 20～40 km 为宜，汽车的运输距离在 40 km 以上才能挥其发速度的优势。

农业运输分类如下：

(1)按其工作场所分田间运输、场内运输及场间(场外)运输。

①田间运输。运距较短，道路条件差，可优先使用拖拉机，部分运距在 3～5 km 范围的，亦可选用畜力车完成。

②场内(如畜牧场)运输。运距更短，一般使用输送器、各种输送管道、自走小车(绳索牵引)，只有很少部分由小型运输车或畜力车完成。

③场间(场外)运输。运距较长(平均 30～40 km)，道路条件较好，最好由汽车或农用运输车完成。

(2)按生产过程分为生产运输和独立运输两种。生产运输是农业生产工艺过程的有机组成部分，与其他农业机械所完成的工作直接有关，它不仅完成物资转运工作，而且同时完成收集或分散物资等工作。

独立运输是不与生产工艺过程有直接联系的运输，如拉运建筑材料等。

2. 农业运输机组作业工艺过程及影响生产率的因素分析

农业运输机组作业工艺过程包括三个阶段：在发货地点的装货作业；装载货物后的中途运行；到达卸货地点后的卸货作业。在连续作业中，还应该包括卸货后由卸货点返回发货点的空车回行。

通常把运输机组从装货点到卸货点的距离称为运距，是计算运输生产率的主要参数之一。

(1)运输路线的选择。一般情况下，运输路线以运输效率高和运费低为标准选择运输路线，当然，安全也是运输路线选择的重要标准。

农业运输中的运输路线有以下几种。

①往复式。两地间往返，回程装载或空行。

②放射式。由许多货点向一点集中卸货，或从一点装货向多点分散货物。

③环形。货运路线闭合，有多个装货点与卸货点。

④综合式。上述运输路线的组合。

农业运输主要是往复式和放射式，且回程多为空行，如谷物收获时的运输和种子、肥料运入田间等，应注意安排运输路线，以减少空行并保证运输及时。

(2)装卸货物的时间消耗。装卸货物所消耗的时间比例对运输效率影响很大，尤其在农业运输中大多数货物不但包装零散，运距较短，且多系人工装卸，因此在整个作业时间内装卸所耗时间多。而且运输距离越短，装卸时间所占比例越大。可见，采用机械化方法装卸货物，对提高运输机组生产率的意义重大。

(3)货物转运时间与运输距离、运输速度的关系。

转运货物的时间长短取决于运输速度和运输距离。运输机组的运输速度取决于运输机具和道路状况。运输机组每小时所行驶的里程数称为技术速度。运输机组的运动小时数除以总行驶里程数，得平均技术速度。机组的运用速度表示机组出勤平均一小时行驶的里程数，它比平均技术速度要小，因为它包括装卸货物及故障停歇等时间在内。运输机组往返的平均技术速度可用下式计算：

$$V=\frac{V_z+V_k}{2} \tag{4-2}$$

V—平均技术速度(km/h);

V_z—载运货物技术速度(km/h);

V_k—空车返回技术速度(km/h)。

①运输机组一个往返的时间消耗。运输机组的时间消耗包括路途运行时间、装卸时间和其他时间(包括运输机组故障排除、机组个人需要等)。

②货物的运载量。货物的运载量主要取决于运输机组的功率和容积以及货物的转运距离等。但因货物本身的特性(如密度)及包装等不同,会影响运输机组的载质量。在一个工作班次内,一台运输机组可能运输货物的数量(t)可按下式计算:

班次运载量(t/班) = 载质量利用因素×运输机组的标定载质量×运输次数 (4-3)

其中运输次数是指一个班次内运输机组的往返次数(整数);载质量利用因素为实际载质量与标定载质量之比。

载质量利用因素与运输物品的比例有关,如谷物、肥料、煤、砖石等的载质量利用因素一般等于或大于1;打包的干草、带穗的玉米的等载质量利用因素一般为0.7~0.9;未包装的干草、秸秆等其载质量利用因数一般小于0.5。

③运输机组的生产率。农业运输机组运送的物品是在不同运距下进行的,因而同类运输机组在一个班次内的运输量也就不同。所以上述计算班次运载量的公式不能准确反映运输机组的实际工作情况。考虑运输距离后,运输机组的班次生产率可用下式表示:

运输机组的生产率[(t·km)/班]=班次运载量×货物转运距离 (4-4)

显然,运输机组的生产率与班次工作延续时间、机组运行速度、货物转运距离、机组的标定载质量及载质量利用因数等有关。

【任务实施】

一、学生分组,4~5人一组,就课前准备的田间作业的知识点进行讨论。

1.首先根据课前收集的相关资料,小组内对田间作业简要讨论,得出小组内讨论结果。

2.小组内讨论完毕,每组选出一名代表汇报讨论结果,再进行组间讨论,对于田间作业的种类、管理和收获等内容得出讨论结果,然后由任课教师进行相关指导。

二、教师展示农业技术对田间作业的相关图片或视频资料,学生进一步讨论并回答以下问题:

1.田间作业项目的特点、操作方法和注意事项有哪些?

2.田间管理工艺方案如何选择?

3.农业运输的最大特点是什么?

【任务评价】

针对项目实施中的一、二部分,在实施过程中,针对不同的内容,进行小组间评价,指导教师对每组讨论的结果进行更正指导，最后概括总评，给出正确答案。任务评价表见附录。

【任务巩固】

1. 农机田间作业的主要项目有哪些？
2. 耕地作业的方法有哪些？
3. 联合收割机直接收获的优点有哪些？
4. 农业运输的分类有哪些？

任务3 认知农机作业技术规范

【任务目标】

1. 了解农机的技术规范包括哪些内容。
2. 掌握耕地作业和收割作业技术规范。

【任务准备】

一、资料准备

农机技术规范文件、农机管理文件、任务评价表等与本任务相关的教学资料。

二、知识准备

(一)农机的技术规范

1. 耕地作业

犁铧的刃口厚度不得超过 2 mm，犁壁与犁铧接缝处间隙不超过 1 mm，犁壁不得高出犁铧，犁体的三支点、三间隙符合要求，垂直间隙 10～12 mm，水平间隙 5～10 mm；各犁体铧尖在同一直线上。

耕地作业质量要求：开墒直，每 1 000 m 内小弯不超过两个，弯曲度≤±10 cm；耕后地表平整松碎；耕深符合农艺要求，深浅一致；翻垡、覆盖良好；不重耕、不漏耕；耕到头、耕到边。

2. 整地作业

耙片直径磨损不得小于原始直径的 80%，刃口厚度不得超过 1 mm，缺损不超限；刮土板有效，与耙片间隙符合要求；各耙组耙片安装正确，紧固可靠，耙片间距相等，前后耙组耙片相互错开，缺口耙相邻耙片缺口错开；各耙组轴承状态良好，轴承间隙符合要求(木瓦不超过 3 mm，滚动轴承不超过 1 mm)。

整地作业质量要求：耙深符合农艺要求，深浅一致(与规定误差≤±10%)；地表平整；耙后土壤松碎，碎土均匀，土块大小符合农艺要求，地表无明显杂草、残茬、肥料；不重耙、不漏耙，耙到头、耙到边，地角漏耙处≤ 2 m^2，交接行重耙≤±10%的耙幅，交切耙行走路线正确，1 000 m长的田块不得少于7个对角线，收尾时绕田块一周。

3. 开沟作业

圆盘开沟犁刀片数量、规格及安装方式符合要求，双圆盘式开沟机刀齿刃口厚度不得超过0.5 mm，铧式犁刃口厚度不得超过1 mm。传动轴长度符合要求，防止升降时碰撞机械或脱节；各轴向间隙和径向间隙符合要求；悬挂机构、传动机构安装调整正确，连接可靠；抛撒土性能良好。

田间开沟作业质量要求：开沟直，每1 000 m内小弯不超过两个，弯曲度≤±10 cm；沟型良好，沟深、沟宽符合农艺要求沟壁整齐光滑，沟深一致，沟底无积土，沟沟相通，排水通畅；畦面宽度符合农艺要求，且宽度一致；抛撒土块均匀，土块大小符合农艺要求。

4. 收割作业

切割器动定刀片刃口锋利，缺损不超限，对中、整列、间隙调整正确。拨禾轮位置、弹齿倾角调整正确。弹齿与切割器间隙、与搅龙伸缩齿间隙调整符合要求；螺旋搅龙安装、调整正确；立式割台的输送装置完好、可靠。脱粒装置滚筒转动灵活，与两侧壁间隙一致且符合规定，纹杆、钉齿各处安装、调整合适，脱粒间隙调整正确；轴流滚筒式收割机滚筒转速、脱粒间隙正确。分离装置调整正确；清选装置的上、下、尾筛开度、倾角调整正确，风扇调节灵便；粮箱、各搅龙及安全离合器可靠、有效各无级变速装置工作可靠，各全部传动装置完好，轴向、径向间隙符合要求，张紧度适宜。

收割作业质量要求：适时收割，收割期以及割茬高度符合农艺规定；收割时机械部分总损失率：小麦≤1.5%，水稻≤3%；不同品种、不同收割时间收割时，破碎率：小麦≤1.5%，水稻≤3%；清洁度(不包括背负式)：麦类≥95%，水稻≥93%，其他作物≥98%；不漏割、不漏粮；茎秆切碎抛撒均匀。水稻大面积商品粮收割时，应推广使用轴流滚筒式收割机，种子收割应使用半喂入收割机、轴流滚筒式收割机或纽荷兰等先进收割机械。

【任务实施】

(一)学生分组，4～5人一组，就课前准备的农机作业技术规范相关知识点进行讨论。

1. 首先根据课前收集的相关资料，小组内对农机作业技术规范进行简要讨论，得出小组内讨论结果。

2. 小组内讨论完毕，每组选出一名代表汇报讨论结果，然后由任课教师进行相关指导，得出农机作业技术规范的正确内容。

(二)教师展示相关农机作业技术规范的详细资料，结合课前收集的相关资料，讨论回答下列问题：

1. 农机作业技术规范包括哪些作业内容？

2. 耕地作业和收割作业技术规范是什么？

【任务评价】

针对[任务实施]中的(一)、(二)部分，在实施过程中，针对不同的内容，进行小组间评价，指导教师对每组讨论的结果进行指导，最后概括总评，得出正确答案。任务评价表见附录。

【任务巩固】

1. 简述整地机械和收获机械作业技术规范。

2. 简述耕地作业和收割作业技术规范。

模块五　农业机械技术管理

项目 1　农业机械试运转

项目 2　农业机械技术保养

项目 3　农业机械的使用

项目 1

农业机械试运转

【项目描述】

新的、经过大修或更换重要运动配合件后的柴油机、拖拉机、联合收割机等复杂的农业机械，在正式投入使用前按照一定的规程进行的适应性运转称为机械的试运转。机器的试运转对机器的使用寿命有至关重要的影响，没有进行试运转或试运转操作不当，势必会增加机械的磨损、裂纹，运动件配合间隙不当甚至卡死等故障。

此项作业的目的就是通过农业机械试运转的作用与操作介绍，认知农业机械试运转的作用、农业机械试运转的操作，进而解决实际生产问题。

本项目分为认知农业机械试运转、农业机械试运转的操作共2个工作任务。

通过本项目的训练，认知农业机械试运转等工作内容；熟悉农业机械试运转的作用，掌握农业机械试运转的操作方法；培养学生认真严谨、踏踏实实的工作态度以及同学间沟通协作能力。

任务1 认知农业机械试运转

【任务目标】

1. 了解农业机械试运转的作用。
2. 掌握试运转对机器的影响。

【任务准备】

一、资料准备

学生查阅相关资料，记录试运转对农业机械的作用，并准备任务评价表等与本任务相关的教学资料。

二、知识准备

农业机械试运转的作用主要有以下几个方面：

（一）快速磨合

许多重要的运动配合件，如发动机曲轴轴颈与轴瓦、汽缸套与活塞环等，其工作表面虽然经过了精细加工，但实际上仍留有加工中刀具留下的痕迹，存在微观凹凸不平。这种现象在工作初期会造成仅微凸起部分接触，使实际承载面积比设计计算的小得多。如果此时就以全负荷作业，各接触点上承受的压力就远远超过正常数值，严重破坏润滑油膜，使配合表面间产生剧烈的半干摩擦，由此而产生的局部高温，会使接触点的金属熔接在一起，随着配合件间的相对运动，熔接处又被撕裂。如此反复进行，结果造成配合表面严重损伤，甚至发生咬死故障，使重要配合件在短时间内就损坏报废。所以，必须在良好的润滑和冷却条件下，转速由低到高，负荷由小到大进行试运转，可将零件表面的微观凸起部分逐渐磨平（这也是将试运转称之为磨合的缘由），获得能够承受全部负荷的光滑平整的工作表面，同时可以形成最佳的初始配合间隙，改善机器的工作性能，延长其使用寿命。

（二）调整机器的塑性变形

机器的某些零件如螺栓、弹簧、汽缸垫等，在装配时虽已紧固或调整合适，但一经负荷或震动，可能产生塑性变形，造成连接松动、弹力变化等现象。通过试运转，可以及时重新进行紧固或调整，以保证这些零部件的正常工作。试运转对提高机器可靠性的作用，如图 5-1 所示。

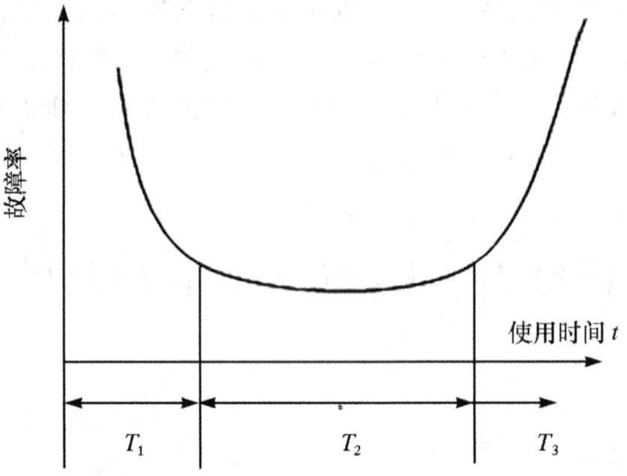

图 5-1 试运转对提高机器可靠性的作用

（三）尽早排除维修或装配缺陷

机器的某些零部件，在制造修理和装配中，虽然经过了严格的质量检验，但仍可能存在某些缺陷；在运输过程中，也可能受到某些损伤。通过试运转，可以先行发现并排除。同时，还可以对零部件在工作中的协调作用进行检查和调整，以提高机器的可靠性。

（四）排除初期高故障率

试验研究表明，机器在投入、使用初期故障率较高，良好的试运转可以降低故障率，并且在以后的正常使用期内保持稳定

（五）提高机器的使用性能

通过试运转，可以降低机器的内部摩擦损失，提高柴油机的动力性和经济性。另外，新机手或对某些没有使用过的机型，通过试运转，可以尽早了解机器的结构特点和使用性能。

【任务实施】

一、学生分组，4～5 人一组，就课前准备的农业机械试运转作用的知识点进行讨论。

1. 首先根据课前收集的相关资料，小组内对农业机械试运转的作用简要讨论，得出小组内讨论结果。

2. 小组内讨论完毕，每组选出一名代表汇报讨论结果，再进行组间讨论，对于农业机械试运转作用等内容得出讨论结果，然后由任课教师进行相关指导。

二、教师展示农业机械试运转作用的相关图片或视频资料，学生进一步讨论并回答以下问题：

1. 农业机械试运转对机器的影响是什么？

2. 农业机械试运转的作用是什么？

【任务评价】

针对项目实施中的一、二部分，在实施过程中，针对不同的内容，进行小组间评价，指导教师对每组讨论的结果进行更正指导，最后概括总评，给出正确答案。任务评价表见附录。

【任务巩固】

1. 试运转的概念是什么？

2. 试运转对机器的影响是什么？

3. 简要回答试运转的作用。

任务2　农业机械试运转的操作

【任务目标】

1. 了解农业机械试运转规程的制订方法。

2. 掌握农业机械试运转的操作。

【任务准备】

一、资料准备

查阅相关资料，记录试运转的几个方面操作规程，并准备任务评价表等与本任务相关的教学资料。

二、知识准备

机器的试运转，必须遵照一定的规程进行。所谓试运转规程，就是对试运转时的负荷、转速和时间等，进行优化组合，并对试运转的程序、润滑油的质量、维护要求及注意事项等进行规定。目的是能在较短的时间内和以较少的能量、物料消耗使运动副摩擦零件获得最佳的磨合质量。

试运转规程，是通过科学实验和生产实践制订出来的。试运转规程由厂家提出，一般分为工厂试运转和用户试运转两部分。工厂试运转是“调试性”的，由生产厂或修理厂装机后进行，主要目的在于检查装配质量和测试性能指标，时间很短，仅几个小时，达不到试运转的全部要求。用户试运转是“锻炼性”的，主要目的在于使配合件进行良好的磨合，提高机器的可靠性，以适应全负荷作业，时间较长，约 15 h。使用说明书规定了用户试运转规程，如拖拉机的试运转规程主要如下。

(一)试运转前的检查和准备

试运转前应对机器的技术状态进行认真检查，并做好各项准备工作。

清除机器外表上的尘垢、油污以及某些零件表面的防锈油脂。检查外部各零件的完整性和紧固零件的紧固情况，必要时，进行补充、更换或紧固。

按要求在各润滑点加注润滑油或润滑脂。检查发动机油底壳及空气滤清器的油位，必要时添加。加足燃油和冷却水。

认真阅读机器使用说明书，了解机器的结构特点、使用性能和操作方法；确定试运转方案。准备好试运转所必需的油料、物料、保养工具及测试仪器等。

对一些能手动的旋转部件，在条件许可下进行手摇，检查其转动情况，要求转动灵活，无阻碍，无异响。

(二)发动机无负荷试运转

无负荷试运转即空转试运转，时间较短，一般为 0.5 h。主要目的在于检查发动机的运转情况是否正常，为发动机的负荷试运转做准备。

按操作规程正确启动。启动后，以低转速、中转速和高转速空转运行各 5～10 min。转速由低到高逐次平缓增加。在启动过程中，注意检查操纵机构是否作用正常，启动性能是否良好。在各转速规范下空转时，应仔细检查：有无异常声响；排气是否正常；机油压力或油压指示器是否正常；有无漏油、漏水、漏气；电气设备是否工作正常等。如发现反常现象，应立即停机查明原因，并及时排除。

(三)拖拉机空负荷试运转

拖拉机空负荷试运转除了能完成发动机的轻负荷试运转任务外，还能完成变速、行走、转向、制动等系统的空负荷试运转。所以除继续检查发动机外，还要检查换挡变速、行走直线性、转向操纵的方便性、制动的可靠性等，必要时进行调整。

(四)拖拉机负荷试运转

负荷试运转是用户试运转中最重要的内容，也是耗时最多的试运转，需要数十小时才能完成，一般可以结合不同的作业进行。

在负荷试运转中，要密切监视拖拉机的技术状况，如有反常现象应及时查明原因，并彻底排除。

(五)试运转后的技术保养

试运转是所有运动配合件的磨合过程。试运转后的拖拉机等农业机械，并不能直接投入负荷使用。这是因为在试运转中，润滑油内积聚了相当多的金属磨屑等杂物，必须更换润滑油，并清洗润滑系统。而且，经过试运转，某些紧固部位可能产生松动，某些调整部位可能发生变化，需要重新紧固和调整。试运转后，应进行以下技术保养。

(1)按使用说明书规定,更换各部润滑油,并进行清洗。方法是在试运转后,趁热放出油底壳机油,并清洗机油泵吸盘、机油粗过滤器、细过滤器,然后加入新机油;趁热放出变速箱、后桥和最终传动装置内的齿轮油,加入适量的煤油或柴油,用工挡和倒挡各行驶 1～2 min 进行清洗,然后放出清洗油,换装新的齿轮油。

(2)放出冷却水,用清洁的软水清洗冷却系统。

(3)检查调整各操纵机构行程、气门间隙、喷油嘴压力、轴承间隙和履带张紧度等。

(4)检查和紧固外部螺栓,特别是发动机支座、变速箱支点等部位,按规定数值拧紧发动机缸盖螺栓。

(5)按润滑表润滑各部位。

(6)农业机械使用说明书规定的其他内容。

(六)试运转的注意事项

(1)用户应根据所购机型的使用说明书规定,进行试运转。

(2)试运转中,若发现有不正常现象,应立即停机,排除故障后方可继续进行试运转,不允许带"病"试运转。

(3)试运转采取的具体规范、执行人及时间,试运转中发生的问题及所采取的措施,试运转的最后结论等,都必须认真进行记录,并归入机器技术档案备查。

(4)大修后的拖拉机等,重新启用前,应按新车要求进行试运转。只修理或更换某些重要配合件的机器,应参照新机磨合试运转规范进行短期磨合运转。

【任务实施】

一、教室分组讨论

学生分组,4～5 人一组,就课前准备的农业机械试运转操作的知识点进行讨论。

1. 首先根据课前收集的相关资料,小组内对农业机械试运转的操作简要讨论,得出小组内讨论结果。

2. 小组内讨论完毕,每组选出一名代表汇报讨论结果,再进行组间讨论,对于农业机械试运转的操作等内容得出讨论结果,然后由任课教师进行相关指导。

二、实验室动手操作

教师带领学生到实验室,将学生分成 5 人一组,每组选取一名组长,分组对试验用农机分别进行试运转前检查、发动机无负荷试运转、拖拉机空负荷试运转、拖拉机负荷试运转、并按规定进行试运转后保养等内容,学生记录相关试运转规程的运转时间、运转操作要点等相关数据,每组由组长汇总整理出本组成员的实验数据。

【任务评价】

针对项目实施中的一、二部分,在实施过程中,针对不同的内容,进行小组间评价,指导教师对每组讨论的结果进行更正指导,最后由概括总评,给出正确答案。(其中组间评价占本项目实施平时成绩的 40%,老师总评占本项目实施平时成绩的 60%,最后给出每组本实施项目的总成绩。)任务评价表见附录。

【任务巩固】

1. 试运转规程的制订方法是什么？
2. 拖拉机试运转的操作规程是什么？
3. 试运转后的机器要进行哪些保养？

项目 2

农业机械技术保养

【项目描述】

农业机械是一种技术含量高、结构相对复杂的专门化生产工具，所进行作业的工作条件比较恶劣，操作人员的使用技术水平和专业知识素质差别较大。农业机械在使用过程中，各零件或配合件，由于松动、磨损、变形、疲劳、腐蚀等因素的作用，工作能力会逐渐降低或丧失，导致整机的技术状态失常。另外，燃油、润滑油及冷却水等工作介质，也会逐渐消耗或性质发生变化，使机器的正常工作条件遭到破坏，加剧整机技术状态的恶化，出现启动困难、功率下降、耗油增加、零件磨损加剧、故障增多等各种不正常现象，降低机器的使用寿命，甚至会引起严重事故。

此项目的目的就是介绍如何对农业机械进行常规性的技术保养和保管，减缓各零件技术状态的恶化速度，延长其使用寿命；及时消除隐患，防止事故发生。

本项目分为农业机械的技术保养、农业机械的技术保管共 2 个工作任务。

通过本项目学习农业机械技术保养的功用、制度、规程以及注意事项。使学生掌握全面的农业机械技术保养知识农业机械标准化作业的相关知识；培养认真严谨、善于思考、沟通协作等能胜任岗位工作的职业素质。

任务 1　农业机械技术保养

【任务目标】

1. 了解农机技术保养的功用和制度。
2. 掌握农机技术保养的规程。

【任务准备】

一、资料准备

农业机械技术保养的图片、技术保养视频、班保养、1 号保养、2 号保养、3 号和 4 号保养的视频，并准备任务评价表等与本任务相关的教学资料。

二、知识准备

(一)技术保养的功用

农业机械在使用过程中，各零件或配合件，由于松动、磨损、变形、疲劳、腐蚀等因素的作用，工作能力会逐渐降低或丧失，导致整机的技术状态失常。另外，燃油、润滑油及冷却水等工作介质，也会逐渐消耗或性质发生变化，使机器的正常工作条件遭到破坏，加剧整机技术状态的恶化，出现启动困难、功率下降、耗油增加、零件磨损加剧、故障增多等各种不正常现象，降低机器的使用寿命，甚至会引起严重事故。

针对不同机器零部件技术状态恶化的原因、规律，以及工作介质消耗的程度，适时采取清洗、紧固、调整、更换以及添加等维护性措施，保证零部件的正常工作性能和机器的正常工作条件，称之为技术保养。

技术保养能减少农机具的故障，能保证其经常处于良好的技术状态农机具在使用过程中，由于机械振动，会造成紧固件的松动；由于机械磨损，会造成正常的间隙改变；由于杂质、尘土的浸入，会造成滤清器滤芯堵塞。这些问题必然给机车带来不良的后果。如果不采取有效措施，定期保养农机具，进行必要的清洁、清洗、检查、润滑、紧固、调整和更换某些零件的工作，农机具就会出现故障。轻微的会出现漏水、漏气、漏油、漏电、冒黑烟、蓝烟、有异响、运行不正常等现象；严重的出现烧瓦、拉缸、捣缸等事故，造成机具"趴窝""住院治疗"，不能工作。

做好技术保养工作，可减缓各零件技术状态的恶化速度，延长其使用寿命；及时消除隐患，防止事故发生。技术保养是一项繁琐而细致的工作，不仅需要一定的技术，更需有严肃认真的工作态度。

(二)技术保养制度

现行的技术保养制度，是根据各零部件技术状态恶化速率的不同，把各项定期需要维护保养的操作归并为几种级别的定期保养，如每班保养、1 号保养、2 号保养等。两次同级保养的间隔称为该级保养的保养周期。

技术保养周期的计量，一般有两种方法，即工作小时法和燃油消耗量法。如每工作 50 h、250 h、500 h、1 500 h 分别进行 1 号、2 号、3 号和 4 号保养即为工作小时法；每消耗 500～700 kg、2 500～3 000 kg、5 000～6 000 kg 和 15 000～16 000 kg 燃油分别进行相应级号的保养则为燃油消耗量法。

我国大中型拖拉机一般执行的保养制度为"5 级 4 号保养制"，即 1 号、2 号、3 号和 4 号保养再加上班保养。

(三)技术保养规程

所谓技术保养即机手在使用过程中对机具能够做到的合理保管、日常检修、定期维护保养及正确的操作使用，这样可延长机具使用寿命，提高机具应用效果。

农业机械的保养要按照"防重于治、养重于修"的原则，切实执行技术保养规程，动力机械要按主燃油消耗量确定保养周期，按时、按号、按项、按技术要求进行保养，达到技术保养标准，确保机具处于完好的技术状态。

农业机械的保养要严格按照使用说明书及当地农机管理部门规定的内容进行。机车的高级保养应在机务管理人员指导下在室内进行。燃油动力机械要做到四不漏(不漏油、不漏水、不漏气、不漏电)、五净(油、水、气、机器、工具)、六封闭(柴油箱口、汽油箱口、机油加注口、机油检视口、汽化器、磁电机)、一完好(技术状态完好)；配套农具要实行常年修理，做到三灵活(操作、转动、升降灵活)、五不(不旷、不钝、不变形、不锈蚀、不缺件)、一完好(技术状态完好)。

不同的农业机械的技术保养规程是不同的，一般拖拉机的技术保养内容如下。

1. 班保养

外部检查和紧固，日常清洁；各部位的润滑；加油、加水等。

2. 1 号保养

除班保养内容外，清洗空气滤清器、柴油滤清器、机油滤清器；检查蓄电池电解液液面，必要时补充；检查并在必要时调整离合器的制动器的踏板自由行程、风扇皮带的张紧度。

3.2 号保养

除 1 号保养内容外，更换发动机油底壳机油；冲洗蓄电池外壳，检查电解液密度；检查并在必要时调整和汽缸盖螺母紧度、气门间隙、方向盘的自由行程、前轮轴承间隙和前轮前束。

4.3 号或 4 号保养

除 2 号保养内容外，清洁冷却系统；检查气门密封性，必要时研磨气门；根据诊断结果，必要时检查缸套、活塞、活塞环、连杆轴承、曲轴等的磨损情况；检查喷油器的喷油压力和喷雾质量，必要时进行调整、研磨或更换；必要时调整喷油泵及调速器，校正供油提前角；清洁并润滑发电机，检查并在必要时调整调节器；清洗离合器及其轴承；清洗变速箱及后桥，检查齿轮和轴承的磨损情况；必要时对液压系统各部件进行调整。小型拖拉机或小型柴油机一般执行“4 级 3 号保养制”，即没有 4 号保养。

如东方红-40 型拖拉机的技术保养规程如下。

☞ **班技术保养**

(1)每班工作结束以前，要检查正在工作的拖拉机上各种仪表是否正常工作，转向操纵机构、离合器、液压悬挂系统、电器设备的工作情况，并听诊发动机、传动系统及行走部分有无杂音等不正常现象。

(2)对拖拉机进行外部完整性的观察。检查漏气、漏油、漏水和漏电等现象，清除尘土和污垢，擦净各部注油嘴。

(3)检查外部螺栓的紧固情况(使用 4～6 挡工作时，必须在 5 h 左右时就检查一次)，特别要注意边梁、后轮、前梁摇摆轴止动螺栓、左右转向臂、转向主动臂固定螺栓、方向盘等紧固情况。

(4)向发动机添加燃油和冷却水。

(5)检查空气滤清器油盘内油面和油的清洁程度，必要时添加或更换。

(6)检查轮胎压力，必要时充气。

(7)检查变速箱、半轴轴承、液压泵和前轮轴承等的发热程度。

(8)检查风扇皮带的张紧度。

(9)按润滑图说明检查润滑各部位。

(10)每工作 20～24 h 放出柴油箱底部的沉淀油。

☞ **1 号技术保养**

(1)完成班次技术保养项目。

(2)检查柴油滤清器纸质滤芯的清洁程度和有无破损。必要时清洗或更换。

(3)清洗机油滤清器及其滤芯、机油泵进油滤网和油底壳。

(4)检查离合器壳体与发动机和传动机构箱的紧固情况。

(5)检查或调整转向机构球头连接处的间隙。

(6)检查电瓶各单格中电解液液面高度，必要时添加蒸馏水。夏季 4～7 d，冬季半个月检查一次。并检查电解液的比重、电瓶外壳的完整性，并检查电瓶盖上的通气孔是否畅通。

(7)清除极桩上的导线夹头的表面氧化物，然后将夹头紧固在极桩上，并在表面上涂上黄油。

(8)按润滑图说明检查润滑各部位。

☞ **2 号技术保养**

(1)完成一号技术保养项目。

(2)检查润滑各部位。

(3)清洗柴油箱并吹净各油管。

(4)清洗机油加油口滤网、机油泵进油滤网和曲轴箱通气管。

(5)清洗液压油箱及滤清器。

(6)检查空气滤清器各连接处的严密性。

(7)检查气门弹簧是否完整,卡簧是否脱落,并检查调整气门间隙。

(8)检查喷油器喷油压力和雾化质量。

(9)检查前轮轴承的轴向间隙,必要时进行调整。

(10)检查离合器分离杠杆和分离轴承之间的间隙,必要时调整。

(11)检查制动器间隙,必要时进行调整。

(12)检查发动机和起动电机的电刷和整流子的接触情况,电刷卡头有无卡滞现象。如有烧损蚀痕或磨损过度应修磨或更换。

(13)检查电瓶电压,必要时进行充电。

☞ **3 号技术保养**

除完成 2 号技术保养项目外,应增加下列项目:

(1)清除冷却系统的水垢。

(2)取下发动机的汽缸盖,清除汽缸盖上和活塞上以及缸套上的积炭;检查气门的密封性,必要时加以研磨。

(3)检查并调整凸轮轴的轴向间隙。

(4)检查连杆螺母开口销的锁紧情况。

(5)检查喷油泵的供油均匀性。

(6)检查凸轮和气门挺柱的磨损情况。

(7)检查水泵零件和冷却系各软管连接处的情况。

(8)清洗离合器摩擦片和制动器制动带上的摩擦衬面。

(9)检查各齿轮的啮合情况,检查调整中央传动齿轮间隙。

(10)检查前后轮胎情况,如磨损不一致,左右两轮的胎面相差极大时,则要调换使用。

(11)检查拖拉机在行驶时所有操纵机构的动作,并对这些机构(主要是离合器、制动器、前后轮、转向机构等)进行检查和必要的调整。

(四)技术保养注意事项

1. 遵守技术保养规程

技术保养规程是根据拖拉机等农业机械在使用过程中零部件技术状态的变化规律而拟定的,因此,具有普遍的指导意义。遵照技术保养规程,认真做好农业机械的技术保养工作,可以大大减缓零部件技术状态恶化的速率,延长其使用寿命。应当遵照技术保养规程,按时、按号、按项、按质地进行技术保养。一般情况下,不应任意削减保养项目,或任意拖长保养周期,以防由于保养不及时而造成严重故障或重大事故。

2. 区别不同情况

每一台农业机械在不同的使用期间，运用条件会有显著差异，使得机器的技术状态受到的影响程度明显不同。这样，对保养规程的执行，就应根据具体状况进行变动。如在多风沙季节室外使用时，空气滤清器的保养周期就应当缩短；采用高品质的润滑油且柴油机技术状态较好时，就可以适当延长润滑油的更换周期等。

3. 注重保养质量

为了保证技术保养质量，应当努力提高维护保养的技术操作水平，并且还需具备必要的物质条件。除常规的工具外，必需的专用工具也应当具备（如厚薄规、扭力扳手等）。一些技术要求较高的复杂操作或调整（如喷油泵的调整、供油提前角的调整等），应当请专业技术人员或送往修理单位进行。

4. 突出“三滤”保养

空气滤清器、柴油滤清器和机油滤清器，俗称“三滤”。“三滤”的技术状况和工作性能对柴油机的精密部件和重要零部件的磨损情况影响极大。所以，对“三滤”的保养要特别注意。不仅要做到清洗彻底，更重要的是要在保养后正确装配，特别应注意各密封垫是否完整，数量是否齐全，安装是否正确。若不符合要求，将会造成“三滤”失效，造成空气、柴油和机油短路，即空气、柴油或机油不经过滤就进入机内，导致磨损加剧。

5. 提高操作水平

技术保养的好坏，关键是技术操作的问题。能否在技术保养中正确操作，是保证技术保养质量的前提。常用的保养操作有清洗、添加、紧固、调整、更换和拆装。

（1）清洗。清洗分外部清洗和内部清洗。

外部清洗，一般多用清扫、擦拭和刷洗的方法。所用的清洗剂有清水、洗涤剂、柴油或汽油等。手工清洗，费工费时，且对复杂表面、狭窄空间和隐蔽处效果不佳。有条件时应采取压力水冲洗或压缩空气吹洗，这样效果较好。但应注意，不要使水侵入机器内部及电气设备内部。洗后应注意擦干，以防锈蚀。保持柴油机外部洁净，对于杜绝尘污进入机器内部、防止散热不良、减轻腐蚀、易于发现外患等方面都具有重要作用。保持机器外部洁净的根本措施是防止漏油、漏水、漏气。

内部清洗，有拆卸清洗和不拆卸清洗两种方法。拆卸清洗是将有关零部件从车上拆下，置于容器中清洗。根据清洗对象的结构形状和污染情况，可具体采用刷洗、擦洗、压力油冲洗或压缩空气吹洗等方法。清洗剂以往多用柴油或汽油，近年来发展了不少化学清洗剂（俗称金属清洗剂），以节约燃油。机手可根据具体情况选购。不拆卸清洗主要用于机器内部腔室和流通管道，如润滑油道和冷却系等。将内部腔室和流通管道内原有的工作液体放出，加入合适的清洗剂，利用摇转曲轴或使柴油机运转等方法，使清洗剂不断循环和搅动，达到清洗内部的目的。

（2）添加。向机器内添加工作物质，如水、柴油、润滑剂等。添加操作的要求如下：添加物质不应受到污染，最好经过净化后添加；添加时不应有漏洒损失；操作熟练、安全、效率高。添加冷却水一定要注意用软水，可煮沸自来水或收集雨水净化后使用，以防在冷却系产生大量水垢，影响散热性能。

添加柴油和润滑油一定要经过沉淀净化过滤，并避免漏洒损失。添加润滑脂时，一般应用完好的润滑脂注入器（黄油枪）进行，添加数量要合适。另外，尽量不要在大风天气或下雨时添加柴油和润滑油，以防止尘土和水随油进入机体，造成新的污染。

(3)紧固。机器连接件的松动会引起配合件相对位置改变，使机构运动和受力情况发生变化。故在维护保养中，应当十分重视连接件的正确紧固。农业机械上的连接件主要是螺栓和螺钉。由于所连接的零部件的工作条件不同，连接件所起的固定作用也有差异。对于受动载荷，以及易于造成重大事故的固定螺栓、螺钉，如连杆、汽缸盖等的固定螺栓、螺钉，其紧固力都有严格要求，应按规定的扭矩拧紧。有些螺栓在磨合试运转后会产生初始变形，应及时予以再次拧紧。同时应当重视螺栓、螺钉的防松装置，用弹簧垫圈防松时，垫圈应当完整，弹力足够，拧紧螺母后垫圈的两端面应贴合在零件和螺母上；用锁紧螺母防松时，应先用扳手使下面的螺母(调整螺母)固定不动，再用另一个扳手拧紧锁紧螺母；用开口销防松时，开口销直径应与销孔紧密配合，销子头部应沉到螺母切槽中，销尾沿螺栓的轴向分开，一端贴在螺栓上，另一端倒向螺母平面；用钢丝串联拉住几个螺栓防松时，钢丝的绕向应使某个螺栓松动时，钢丝将会张紧，并拉着串联的其他螺栓向拧紧方向转动，使串联的螺栓彼此相互制约防松；用薄钢片折边防松时，钢片一定要装上，直折边分别向螺栓和零件棱边折过。

(4)调整。农业机械尤其是拖拉机、柴油机上需要调整的部位较多，调整参量有间隙、压力、转速、角度、张力、位移(行程)等。由于多种恶化因素的影响，这些参量会不同程度地偏离正常数值范围，其结果将导致系统或整机工作性能变坏或失常。因此，在技术保养中必须及时进行补偿调整，使柴油机的性能得以保持或恢复。

由于拖拉机等农业机械需要调整的内容较多，调整方法和调整参量随机型的不同也有差异。机手应根据前述各部位的调整内容和方法进行。有些调整(如喷油压力的调整)需要专用仪表才能保证调整的正确性，不具备条件的不要轻易尝试。

(5)更换。技术保养中的更换包括两种情况，更换新件和零件换位。

拖拉机等农业机械在使用过程中，一些零件由于工作能力显著降低或丧失，只有及时更换新件才能保证与相关零件的良好配合。在正常使用情况下，需要更换新件的数量并不多，具有一定经验的机手都可以顺利完成换件操作。需要注意的是，换件时，最好采用与原件同一型号和规格的产品，如果必须采用代用品，则应保证其结构和性能与原件相同。

零件换位有两种方法：一是某一零件在原位转换一下安装方位，如缸筒转动90°，有的齿轮可翻面使用等；二是将某一零件与其对称的零部件互换安装位置，如拖拉机轮胎可以根据磨损情况左右对调等。可以换位的零件，在结构上具有某种对称性；只是由于工作中承受的磨损作用不对称，使某些部位磨损较轻，而对称部位磨损严重。换位后，不仅仍然保持零件原来的功用，而且可以相对延长零部件的使用寿命。

零件换位应注意的问题：凡不符合换位条件的零部件不得换位使用；换位要适时进行，不要等到零部件磨损严重时才换位；当技术状态许可时，零部件可以多次(反复)换位使用。

(6)拆装。技术保养中的拆卸清洗、内部调整和零件更换等项目，需要拆装才能完成。拆卸不当会造成零件损坏；装配不良不仅影响机器的工作性能，甚至会产生人为故障。

拆卸操作应遵守以下基本要求：

①拆卸前，必须清楚拆卸的目的、任务，以及拆卸部位的具体结构和拆卸步骤，尽可能限制拆卸的范围。

②备好专用工具，如对于紧配合件，应使用拉拔器等，严禁乱敲乱打。

③保证清洁。最好在室内进行，拆卸前应认真清洁外表。

④拆下的零件应分类放置。对于有配对要求的零件，须查对原有记号，如标记不清或无标记，应在零件非工作表面上作出配对标记。

⑤对多螺钉或螺栓连接部件，拆前应找到全部螺钉或螺母。拆时首先将各螺钉或螺母都拧松1～2扣，并且按对角线对称地逐一拆卸，以避免力量最后集中到一个螺钉上，造成难以拆卸和零件变形等。

复装工作应遵守以下基本要求：

①保证清洁。复装前，应对零件进行认真地清理和清洗，但不得用棉丝擦拭流通管道和配合表面，以免造成堵塞、卡滞事故。

②对于有定位要求或配对要求的零件，应核对标记，按规定复装，不得错乱。

③应保证所有密封件良好，不得漏装、错装或任意代用。

④对于多螺钉连接的部件，各螺钉应按对角线对称地逐一分步拧紧。同时要注意不要漏装隐蔽处的螺钉。

⑤螺钉和螺母的防松装置不要漏装。防松装置必须按规定选用，复装时，应更换不合格的旧件。如锁片倒边不许重复弯曲使用；弹簧垫圈的弹力不足时（垫圈的张距小于两倍垫圈的厚度），须进行更换。

【任务实施】

一、教师带领学生到实验室，观看试验用拖拉机由于长时间没有进行技术保养所出现的问题，然后将学生分成5人一组，每组选取一名组长，分组讨论发动机缺乏技术保养暴露出的问题，并由小组长记录汇总本组同学提出的问题，每组小组长向老师汇报本组的讨论结果。

二、教师带领学生到实验室，对试验用东方红-40型拖拉机进行班保养、1号、2号、3号、4号技术保养，学生记录相关的保养项目注意事项和方法。然后将学生分成5人一组，每组选取一名组长，分组对试验用东方红-40拖拉机进行上述保养项目。

【任务评价】

针对项目实施中的一、二部分，在实施过程中，针对不同的内容，进行小组间评价，指导教师对每组讨论的结果进行更正指导，最后概括总评。任务评价表见附录。

【任务拓展】

所有的技术保养都有一定的共同点：低号保养项目主要在机器外部，保养工作量小，费时少；高号保养项目主要在机器内部，工作量较大，费时多。亭号保养除包括低1号保养的全部内容外，有特定的附加项目。高号保养周期为低号保养周期的整数倍，以便于计划安排进行。每班保养是基本级保养，是技术保养规程的基础。

【任务巩固】

1. 农业机械缺乏保养会出现哪些问题？

2. 及时正确的技术保养对农业机械的作用有哪些？

3. 我国农业机械技术保养制度有哪些？

4.拖拉机班级数保养的检查项目有哪些?

5.技术保养过程中应注意哪些事项?

任务2　农业机械技术保管

【任务目标】

1.了解农业机具的工作时间。

2.了解农业机具的保管方法。

【任务准备】

一、资料准备

查阅相关资料,记录农业机械主要使用时间,实地考察农业企业,记录农业机械的保管方法,并准备任务评价表等与本任务相关的教学资料。

二、知识准备

农业机械受农时季节限制,除拖拉机每年工作时间相对较长外,一般机具每年工作时间都比较短,如播种约10 d,犁1～2个月,即使是参加跨区作业的联合收割机年作业时间也就2个月左右。其余时间均处于闲置状态,在这期间如不采取技术措施科学保管,则机器的技术状态的恶化速率可能会比工作期间还要快。事实说明,有不少农业机械不是被用坏的,而是被放坏的。

(1)在农机具闲置期,许多自然恶化因素不仅仍然对机器产生作用,而且,在静置情况下,某些恶化因素的作用强度更为剧烈。例如,在闲置期间,所有运动部件都停止了运转,靠液体流动润滑的运动配合件工作表面,由于缺乏充分的油膜保护,会产生异常蚀损,甚至出现严重锈斑或金属剥离现象。

(2)精密偶件由于长期在某一位置静止不动,会产生胶结和卡死,以致报废。

(3)各种流通管道和控制阀门等,也容易产生阻塞或卡滞现象。

针对以上可能出现的3种情况,对拖拉机或柴油机在保管前应充分润滑,在停歇期间,也应定期采取摇车或短时发动的方式使各运动部分得到定期维护。

(4)在闲置期间,空气中的水分和尘土容易侵入机器内部,使一些零件受到污染和锈蚀。

(5)在阳光直照下,由于紫外线的强烈作用,橡胶件和塑料件极易老化变质等。

针对以上两种情况,农业机械应入室保管,并设法封闭进、排气管口。对单缸柴油机,应使活塞处于压缩上止点位置,利用进、排气门封闭汽缸。另外,对此重要零件可加罩保护或拆下入柜专门保管。

(6)停歇期间,拖拉机等农业机械的轮胎若长期以某一固定部位着地承重,易使胎体因过度挠曲而产生损伤。因此应适当提高轮胎气压,定期改变轮胎着地部位,最好将轮胎支离地面，使轮胎不受重压。

(7)蓄电池应从车上拆下专门存放。存放前按规定调整电解液密度和液面高度，将蓄电池充电到全充状态，存放期间定期(10 d)检查存电情况，及时补充充电。每月进行一次全充、全放处理，使蓄电池经常保持在全充状态下存放。要经常保持蓄电池表面洁净干燥，冬季注意保温防冻。

(8)金属件容易锈蚀，在有可能的条件下应将机具保管在库棚内，停放在砖地上。资料介绍，机具停放在砖地上的锈蚀率比放在泥地上约可降低一半。

(9)为防止零件变形，应尽量卸除零件的受力(如放松弹簧)，支起机架等。

(10)为防止零件丢失和毁坏，不应从机具上拆下零件它用，还应防盗、防火等。

【任务实施】

教师将学生分成5人一组，每组选取一名组长，分组讨论农机具如何进行正确的保管，各组小组长负责记录并汇总组员提出的农机具正确保管的方法。

一、学生分组，4～5人一组，就课前准备的农业机械的技术保管知识点进行讨论。

1. 首先根据课前收集的相关资料，小组内对农业机械的技术保管简要讨论，得出小组内讨论结果。

2. 小组内讨论完毕，每组选出一名代表汇报讨论结果，再进行组间讨论，对于农业机械的技术保管等内容得出讨论结果，然后由任课教师进行相关指导。

二、教师展示农业机械的技术保管的相关图片或视频资料，学生进一步讨论并回答以下问题：

1. 在闲置期间，所有运动部件都停止了运转，为何出现严重锈斑或金属剥离现象？

2. 在闲置期间，为何农业机械应入室保管，设法封闭进、排气管口？

【任务评价】

针对项目实施中的一、二部分，在实施过程中，针对不同的内容，进行小组间评价，指导教师对每组讨论的结果进行更正指导，最后概括总评，给出正确答案。任务评价表见附录。

【任务巩固】

1. 在闲置期间，为何农业机械应入室保管，设法封闭进、排气管口？

2. 试列举农业机械常见的技术保管方法。

项目 3

农业机械的使用

【项目描述】

一台拖拉机的发动机在低速下长时间运转，产生“敲缸”、冒黑烟等现象；同时，润滑油供应不足，使磨损加剧，造成发动机机械强度和硬度下降，所以，发动机的怠速规范只在拖拉机短暂停车而又不希望发动机熄火的情况下使用，一般只允许运转几分钟。

此项目的目的就是以拖拉机的正确操作方法为例，介绍如何对农业机械进行正确的操作和使用，以延长农业机械的使用寿命和确保不会发生农业安全事故。

本项目分为拖拉机的使用操作、轮胎的使用与维护两个任务。

通过本项目的训练，掌握农业机械的使用方法、轮胎的正确使用等工作内容；熟悉相关农业机械的使用和维护技巧；培养认真严谨、善于思考、沟通协作等能胜任岗位工作的职业素质。

任务1 拖拉机的使用操作

【任务目标】

1. 了解拖拉机保持正常的技术规范。
2. 掌握拖拉机的正确使用操作方法。

【任务准备】

一、资料准备

与本任务相关的教学资料；课前收集的拖拉机的使用操作图片或者视频资料；任务评价表。

二、知识准备

(一)起动

发动机在起动时应注意以下几点：

(1)拖拉机起动前应检查燃油、冷却水是否充足，曲轴箱和变速箱润滑油量是否正常。

(2)检查变速杆、动力输出轴手柄是否放在空挡位置。

(3)起动前最好用摇把转曲轴数十转，长期不用的发动机尤其应这样做，目的是防止因润滑油不能及时流到摩擦面而加速磨损，甚至造成烧瓦等事故。

(4)电起动拖拉机每次起动时间不要超过5 s，两次起动间隔应30 s以上，连续3次不能起动应预以检查。

(5)手摇起动时应左手打开减压机构，右手摇动曲轴达一定转速后，放下减压手柄时猛力摇动曲轴，使活塞通过压缩上止点，即可起动。注意应握紧摇把，防止摇把甩出伤人。

(6)发动机起动着车后，应适当减小油门，以免空转转速过高，加速磨损。

(二)起步

发动机发动后,必须以中速空转暖车,机油压力保持在 147 kPa 以上,水温升至 40℃左右时,再开动拖拉机。当水温升至 60℃以上时,拖拉机才可以开始负荷作业。

1. 一般条件下的起步

(1)将离合器踏板踩到底,把变速杆挂到抵速挡上,如一时挂不上,将变速杆回到空挡位,松开离合器踏板,再踩下离合器踏板,重新挂挡。

(2)慢慢松开离合踏板,并稍稍加大油门,使拖拉机平稳起步。油门的大小应根据拖拉机牵引的负荷大小来定,即牵引负荷小,油门适当小些;牵引负荷大,油门适当大些,以免因起步阻力过大而使发动机突然熄火。

2. 坡道起步

在上坡中起步拖拉机,要求驾驶员具有熟练的驾驶技巧,即能够熟练、准确地配合运用离合器、制动器和油门。这是因为上坡起步很容易造成拖拉机的下溜或熄火,使拖拉机失控而酿成事故。

(1)踩住制动,再踩下离合器踏板,挂低挡。

(2)利用手油门加大油门。

(3)慢慢松开离合器踏板,感觉离合器已部分结合上时,再慢慢松开制动器,此时制动器和离合器踏板是处于同时松开的过程,直到拖拉机慢慢地行驶。

3. 田间作业中的起步

在田间作业时,拖拉机所挂农机具工作都产生一定的阻力,在松开离合器踏板前,一定要加大油门,以免拖拉机拉不动农具而熄火。

因农机具入土过程中拖拉机停车或熄火而重新起步时,拖拉机应先使农机具退出土壤,将农机具升起,再起步,切忌原地带负荷起步。

4. 陷入泥泞地的起步

陷入泥泞地的轮式拖拉机,起步时要在车轮前下方铺垫一些碎石木板等物体,以增强轮胎同地面的附着力。如果是单边驱动轮打滑,可锁定差速锁,同时保持方向盘位于正前方,待拖拉机起步驶出泥泞陷坑时,再将差速锁操纵装置回位。

(三)换挡

拖拉机作业和行驶过程中,牵引阻力或地面情况发生变化时,应相应变换挡位,合理选择拖拉机的行驶速度。田间作业时换挡,应在停车情况下进行;运输作业时换挡,应在行驶过程中进行。

(1)要熟练掌握挡位。换挡时,两眼应注视前方,一手握稳方向,另一手操纵变速杆,手脚配合要协调,动作要迅速、准确。

(2)换挡时,要正确运用油门和离合器,掌握好换挡时机,使换入的挡位、油门大小与车速相适应,不得强推硬拉变速杆,以免使齿轮发生撞击。

(3)拖拉机从低速挡换入高速挡时,应先加大油门,提高车速,到车速适合换入高一挡时即减小油门,分离离合器,将变速杆拨入高一级挡位,然后缓慢地结合离合器,同时逐渐加大油门，使拖拉机继续行驶。

(4)拖拉机从高速挡换入低挡时，应采用“两脚离合器法”，即先减小油门，降低车速；然后分离离合器，将变速杆挂入空挡后再结合离合器，加大油门；并再次分离离合器，迅速将变速杆换入低一级挡位；再次接合离合器，逐渐加大油门，使拖拉机继续行驶。

(5)拖拉机换挡，一般应逐级进行，但当车速已大大下降，或下坡将要结束时，在不影响机件正常运转的情况下，允许越级换挡。

(6)拖拉机由前进挡换倒挡或由倒挡变前进挡时，必须先使车停稳，然后进行换挡。

(四)制动停车

拖拉机在行驶过程中需要减速或停车时，要正确使用制动器，能使拖拉机在最短的距离内安全地减速或停车而不损坏机件。

(1)到达目的地或有预见性减速停车时，应先减小油门，利用发动机产生的阻力来降低车速。在需要停车时，需先松开油门，在使离合器分离的同时踏下制动踏板。

(2)下坡制动时，应提前换入低速挡减小油门，充分利用发动机产生的阻力控制车速，并适时踏下制动踏板。

(3)紧急刹车时，应立即松开油门，同时迅速踏下制动踏板和离合器踏板，迫使车辆在最短距离内停住。

(4)车辆在湿滑路段及沙石路段上应减速行驶，制动动作应缓和。当发动机转速明显降低时，才能分离离合器，使拖拉机缓慢停住。严禁紧急刹车，以防滑溜和侧滑。

(五)正确熄火

一般情况下发动机的正确熄火操作应当是：关断油门，使供入汽缸的燃油耗尽而熄火。只有在异常情况如发动机“飞车”，用关断油门无法熄火时，可采用堵死进气管口或使发动机减压熄火。

如果发动机熄火前温度过高，应先降低转速运转，待温度降低到 50℃ 以下时再行熄火。高温时突然熄火，由于冷却水突然停止循环流动，缸体温度会骤然上升，可能引起拉缸或卡缸事故。

对于启动用汽油机，正确的熄火方法：先关闭节流阀使汽油机减速，再按下停车按钮使汽油机熄火。如果在高速运转时直接用停车按钮熄火，虽然火花塞停止了点火，但由于惯性汽油机并不会立即停止运转，这不仅会使汽缸内积存燃油，造成下次启动困难，而且磁电机在初级电路一直闭合的情况下旋转，会引起磁电机早期退磁，影响使用寿命。

(六)冬季使用

冬季气温低，拖拉机的工作条件恶化，如果不能正确使用，不仅使拖拉机受到损坏，降低其使用寿命，而且容易发生事故。

(1)冬季应换用黏度较小的柴油机油。低温条件下，如果采用的机油黏度大，初期润滑条件差，摩擦阻力增大，起动困难，甚至会出现烧瓦、咬死等事故。

(2)选用凝点低、流动性好的柴油。所选柴油的凝点或牌号应比当地最低气温低 3～5℃。

(3)正确起动发动机。冬季温度低，柴油雾化不良，柴油机不容易起动；同时，机油黏度大，增加了起动阻力。因此，冬季拖拉机冷车起动时需要采取预热措施，如向冷却系加热水，稍停一段时间后放出，再加入热水，使柴油机温度升高；向发动机油底壳加入热机油（不允许用明火烧烤发动机油底壳，可将油桶放在热水内使机油升温）等。

(4)发动机起动后，当预热到水温升高到40°以上，拖拉机才能起步，水温到60℃以后才可带负荷作业；拖拉机停止作业后，应怠速运转片刻，熄火后待水温降到40°以下，方可将冷却水放掉，以防冻坏发动机。

(5)冬季路面常积有冰雪，拖拉机行驶时易打滑，应特别注意安全。运输作业时，拖车与主机必须有良好的制动装置，不允许超载，切忌超速行驶和急转弯，尽量避免紧急制动。长时间在冰雪路面上行驶时，应在驱动轮上加装防滑链，以改善附着性能。

(七)保持正常的技术规范

1. 温度规范

发动机应在规定的温度范围内工作，一般为75～95℃。温度过低，燃烧不良，燃烧室积炭，活塞环结胶，燃烧产物易与水分子结合生成酸类，腐蚀缸壁；未完全燃烧的燃料还将冲刷缸壁上的油膜，使发动机润滑情况恶化，磨损加剧。资料表明，水温低于40℃时，磨损加大6倍；水温低于60℃时，缸套易产生穴蚀。

但温度也不能过高，如达到100℃沸腾时，冷却水消耗大，且易产生水垢；机件受热膨胀而咬死；降低机件强度；润滑油损耗加剧，加速磨损；降低充气量，功率下降；发生早燃、爆震等。

一般规定，发动机起动后应以中速暖车，当水温大于40℃拖拉机才能起步；大于60℃才能负荷作业。

2. 转速规范

拖拉机发动机应避免在低速下长时间运转。这是因为高速柴油机低转速时燃烧不正常，易产生“敲缸”、冒黑烟等现象；同时，润滑油供应不足，会使磨损加剧。所以，发动机的怠速规范只在拖拉机短暂停车而又不希望发动机熄火的情况下使用，一般只允许运转几分钟。

发动机转速过高也是有害的，不仅零件容易磨损，还会引起事故损坏。有的机手为了提高运输作业时的路运速度，私自调整发动机调速器或改变手扶拖拉机皮带传动的速比，结果使发动机的最高转速或拖拉机的最大速度超过设计值，引起机器磨损加剧和事故，对此应严加制止。

3. 负荷规范

拖拉机应当在接近标定负荷的规范下工作。经常性的负荷不足（“大马拉小车”）会使机器的经济性能大大降低；超负荷（“小马拉大车”）会使传力零件过载而变形、损坏。

为达到适宜的负荷条件，除合理编组外，还必须在各方面注意正确操作，如不要冲击起步，不要在不平路面上高速行驶，不要紧急制动，不要负荷急转弯，作业中根据具体情况机动变速等。

【任务实施】

一、教室分组讨论

学生分组，4～5人一组，就课前准备的拖拉机使用操作的知识点进行讨论。

1. 首先根据课前收集的相关资料，小组内对拖拉机的使用操作简要讨论，得出小组内讨论结果。

2. 小组内讨论完毕，每组选出一名代表汇报讨论结果，再进行组间讨论，对于拖拉机保持正常的技术规范和使用操作等内容得出讨论结果，然后由任课教师进行相关指导。

二、实验室动手操作

教师带领学生到实验室，将学生分成5人一组，每组选取一名组长，分组对试验用拖拉机从启动、运转、停车熄火等方面进行操作，学生在这个过程中记录老师的操作要点，每组由组长汇总整理出本组成员的实验数据。

【任务评价】

针对项目实施中的一、二部分，在实施过程中，针对不同的内容，进行小组间评价，指导教师对每组讨论的结果进行更正指导，最后由概括总评，给出正确答案。任务评价表，见附录。

【任务巩固】

1. 拖拉机在起动时应注意哪些？
2. 拖拉机的起步包括哪些情况？
3. 拖拉机如何进行正确的熄火操作？

任务2　轮胎使用与维护

【任务目标】

1. 了解农机具轮胎的特点。
2. 掌握轮胎的正确使用与维护方法。

【任务准备】

一、资料准备

轮胎正常胎压数据，轮胎规格数据，轮胎定位数据及定位视频，并准备任务评价表等与本任务相关的教学资料。

二、知识准备

轮胎是轮式拖拉机的重要部件，如使用、保养不当，极易在工作中造成早期磨损、爆破、折裂等，不但增加了修理成本，而且费时费力。因此，正确使用与维护好轮胎有着较为重要的实际意义。

(一)轮胎的合理使用

1. 使用符合规范的轮胎

不同型号的拖拉机要求使用不同规格的轮胎，甚至同一拖拉机在不同用途中也要求使用不同规格的轮胎。轮胎规格不同，要求气压和承载负荷不同。如上海-50拖拉机在旱用耕作或进行运输作业时用12.4/11～28轮胎，而在湿田或水田耕作时应当换用高花纹轮胎11～28。

2. 正确调整轮胎的气压

气压对轮胎的使用寿命影响极大。气压低造成胎体变形大，使帘布层容易折断、剥离分层；气压高，特别是在夏季高温下，往往容易造成轮胎爆破。据调查表明，就前轮胎损坏而言，一些前轮胎损坏原因往往在于气压不足或过高。如上海-50拖拉机的6.00～16导向轮气压为0.25 MPa，在使用时气压长期低于标准30%，其使用寿命将缩短40%～50%。

要保证正确的气压，工作中应当注意：①经常用气压表检查轮胎气压，误差应小于0.02 MPa；②根据气温不同，充气时应留出适当热胀冷缩之备量；③经常检查气门芯是否跑气，胎面有无铁钉和尖石等。

3. 保证合理的负荷

轮胎超负荷工作，会造成快速损坏，特别是拖车轮胎。所以在考虑轮胎的正常负荷时，最好按最大负荷的80%～90%为宜，绝对禁止超负荷。如6.00～16轮胎，它的最大负荷是550 kg，假如经常超过这一负荷工作，使用寿命会缩短约1/2。况且拖拉机超载行驶，还存在很严重的安全问题。

4. 前轮的正确定位

引起拖拉机前轮定位变化的原因，主要是安装调整不当，某些零件磨损变化所致。定位破坏后，不但影响行走和转向，而且造成轮胎偏磨和早期报废。要使前轮正确定位，应做到：①经常按规定进行检查和调整；②转向关节磨损后应及时修复或更换；③定期检查车轮螺母和螺栓是否拧紧，轴承是否松动等；④前梁和半轴变形后，应及时纠正。

5. 操作中注意事项

拖拉机驾驶中，在严格遵守交通法律法规和操作规程基础上，尽量做到以下几个方面，以延长轮胎的使用寿命。主要是做到起步、停车平稳，少用急刹车，坚持中速行驶，注意选择路面，不要在不平路面上高速行驶。尽量避免轮胎不正常变形、冲击等带来的磨损和损坏。同时，左右轮胎应气压一致，新旧一致，以免偏磨。如磨损不均匀，可将左右轮胎对调使用。换新轮胎时，同一轴上应成对更换。

（二）轮胎的维护

1. 必要的清洁工作

车辆在行驶中，轮胎表面会嵌入一些杂物，如石块、钉子、玻璃、铁片等，如不及时进行清理，杂物将一步一步插入胎体内，造成帘线强度降低，引起脱层甚至爆胎，因此要及时清理胎体内的杂物。

2. 车胎胎面检查

要时常查看胎面四事：胎体是否有被扎钉；胎侧是否有起鼓；胎身是否有被划破，橡胶是否老化龟裂、钉子、铁屑、玻璃碎片、石头的碰刮插花等潜在的隐患都可能导致轮胎漏气。

3. 散热问题的处理

轮胎在夏季行驶时容易过热，同时气压增高，此时应停车散热，严禁放气降压或泼水降温。

车辆尽量停放在阴凉的地方，尤其是夏天，因为紫外线也会加快轮胎橡胶老化。

4. 轮胎合理存放要求

轮胎应在通风良好的库房内存放，避免阳光照射，不应将轮胎与油类、酸类、易燃物及化学腐蚀品存放在一起，内胎如需单独存放，应充以适量的空气。

5. 车辆四轮定位和轮胎平衡检查

车辆四轮定位的正确与否对轮胎的使用寿命影响较大，而尤以前轮前束和前轮外倾为主要因素。前轮外倾主要会加速胎肩的磨损即偏磨；前轮前束过小过大主要是加速轮胎内外侧的磨损，因此应定期做四轮定位的检测。

此外轮胎的平衡检查也很重要，经过严格检验的轮胎及钢圈多少都会有重量的误差，静态不平衡会产生颠簸和跳动现象，往往使轮胎产生平斑现象；动态不平衡会使车轮摇摆，令其产生波浪形磨损。所以定期做动、静平衡检查及经常检查在胎环部分所安装的平衡铅坠是否已脱落都可延长轮胎寿命。

【任务实施】

一、学生分组，4～5 人一组，就课前准备的轮胎如何进行正确使用与维护的知识点进行讨论。

1. 首先根据课前收集的相关资料，小组内对轮胎如何进行正确使用与维护简要讨论，得出小组内讨论结果。

2. 小组内讨论完毕，每组选出一名代表汇报讨论结果，再进行组间讨论，对于轮胎如何进行正确使用与维护等内容得出讨论结果，然后由任课教师进行相关指导。

二、教师展示轮胎如何进行正确使用与维护的相关图片或视频资料，学生进一步讨论并回答以下问题：

1. 如何正确调整轮胎的气压？
2. 引起拖拉机前轮定位变化的原因，如何正确定位？
3. 为延长轮胎的使用寿命，拖拉机操作过程中应注意哪些问题？
4. 轮胎如何正确维护？

【任务评价】

针对项目实施中的一、二部分，在实施过程中，针对不同的内容，进行小组间评价，指导教师对每组讨论的结果进行更正指导，最后由概括总评，给出正确答案。任务评价表见附录。

【任务巩固】

1. 如何对轮胎进行正确的定位？
2. 为延长轮胎的使用寿命，拖拉机操作过程中应注意哪些问题？
3. 轮胎如何正确维护？

模块六　农机油料使用和管理

项目 1　燃油的选用

项目 2　润滑剂的选用

项目 3　油料的管理

项目 1

燃油的选用

【项目描述】

在农机化生产中，拖拉机等农业机械使用的各类燃油和润滑油费用约占机械作业成本的1/4～1/3，而且油料的性能和品质又直接影响农机的技术状态和使用寿命。燃油中的烯烃是一种很不稳定的化学组分，它容易氧化产生胶质，胶质易黏附在汽油滤清器上堵塞过滤介质，使供油量减少或中断，此外还会令燃油系统的输油量不足，轻则造成动力下降、油耗增加，重则导致发动机不能工作。燃油品质关系着车辆的正常运行，关系着车辆的燃油经济性，更关系着车辆的尾气排放状况。

此项作业的目的就是通过燃油选用方法的介绍，认知汽油的选用方法、柴油的选用方法，进而解决实际生产问题。

本项目分为汽油的选用和柴油的选用 2 个工作任务。

通过本项目的训练，认知燃油的选用等工作内容；熟悉汽油和柴油的规格，掌握汽油和柴油的选用方法；培养学生认真严谨、踏踏实实的工作态度以及同学间沟通协作能力。

任务 1　汽油的选用

【任务目标】

1. 认知汽油的主要质量指标；
2. 掌握汽油的选用原则。

【任务准备】

一、资料准备

与本任务相关的教学资料；相关汽油的图片或影像资料；任务评价表。

二、知识准备

(一)汽油的牌号和规格

汽油是石油产品总分类中的 F 类(燃料)，是汽油发动机专用燃料。按其应用场合分为车用汽油、航空汽油；按其组成特点分为含铅汽油和无铅汽油。过去，我国的汽油是按马达法辛烷值制定牌号，载货汽车和拖拉机的汽油起动机使用过 70＃、66＃汽油 (GB48986)，由于其辛烷值较低，故调入较多的四乙基铅，现已少用。现在为向国际标准靠拢，已采用国际标准，改为按研究法辛烷值(RON)制定汽油牌号。车用汽油按研究法辛烷值分 90＃、93＃、97＃三个牌号(GB48489)。该产品抗爆性好，在相应压缩比的发动机中燃烧正常，蒸发性适中，雾化性良好，冬季易起动，炎热夏季和高原地区发动机供油系统产生气阻倾向小；安定性好，不易氧化生胶，在发动机中产生积碳倾向小，硫含量及酸度都小，不易腐蚀金属。

(二)汽油的主要质量指标

1. 汽油的蒸发性

汽油由液态转化为气态的特性叫蒸发性。汽油的蒸发性用汽油馏程和饱和蒸气压两个指标来评定。

馏程是油品在规定条件下蒸馏所得到的，以初馏点和终馏点表示其蒸发特性的温度范围。汽油馏程的测定是用馏程测定仪进行。将 100 mL 试油进行蒸馏，从冷凝管下端滴下第一滴冷凝液所观察到的温度计度数叫作初馏点，量筒中回收到 10 mL、50 mL 和 90 mL 冷凝液时观察到的温度分别称为 10%、50% 和 90%馏出温度，当全部液体从蒸馏烧瓶底部蒸发后所观察到的温度计最高读数称为终点或终馏点。

2. 汽油的抗爆性

汽油的抗爆性指汽油在发动机内燃烧时防止产生爆燃的能力。汽油的抗爆性直接影响到汽油的使用经济性。对于一定发动机，为了充分发挥它的热效率，必须选择具有与该发动机压缩比相适应的抗爆性的汽油。

通常用“辛烷值”来表示汽油的抗爆性。辛烷值高的汽油抗爆性能好。汽油的辛烷值是在规定条件下的标准发动机试验中，通过与标准燃料比较来测定。

测定辛烷值的方法有马达法(MON)和研究法(RON)两种。由于两种方法的试验条件不同，因此测得的辛烷值也不相同。近来年一些国家引用了一个新指标——抗爆指数，它是同一种汽油研究法辛烷值与马达法辛烷值的平均数，即：

$$\text{抗爆指数} = \frac{\text{辛烷值}\,MON + \text{辛烷值}\,RON}{2} \tag{6-1}$$

3. 汽油的氧化安定性

汽油的氧化安定性表示汽油在贮运和使用过程中抵抗氧化变质、产生沥青和胶质等倾向的指标，用汽油的实际胶质和诱导期评定。

实际胶质：在规定的条件下测得的车用汽油蒸发残留物中正庚烷的不溶部分。

诱导期：油品在压力为 686 kPa，温度为 100℃的状态下非氧化所经历的时间。

实际胶质少和诱导期长的汽油不易变质。汽油中的胶质过多会使辛烷值降低，酸度增大，并堵塞化油器的喷孔和喷口，以及在气缸内产生积炭，造成火花塞短路等故障。提高汽油氧化安定性主要是在精制后添加抗氧化添加剂和使用中正确保管。

4. 汽油的腐蚀性

汽油中的非烃类杂质有水溶性酸和碱(硫酸、氢氧化钠、磺酸和酸性硫酸脂)以及有机酸和硫化物等，这些杂质大都是炼油厂精制不良而留在汽油中，或者在贮存、使用过程中落入、生成的。汽油中的这类非烃类杂质，极易对发动机起腐蚀作用。因此，将不允许存在或应严格控制其含量。汽油的腐蚀性用硫含量、铜片腐蚀试验、酸度及水溶性酸或碱等指标来评定。

5. 汽油的清洁性

汽油的清洁性指汽油中是否含有机械杂质和水分。由炼油厂炼制的成品汽油完全没有机械杂质和水分。使用中汽油是否含有机械杂质和水分，最简易的检查方法是将 100 mL 汽油注入玻璃量筒中沉淀12～18 h，然后观察量筒，如果透明、清洁、量筒底部没有机械杂质和水分沉淀，即为合格。

（三）汽油的选用

汽油的选用，汽油的选用应根据汽车使用说明书中的要求，以在正常运行条件下不发生爆燃为原则，选用适当辛烷值牌号的汽油。影响爆燃倾向的因素很多，压缩比的高低是重要因素之一。发动机压缩比低的汽油机应选用辛烷值低的汽油，反之，应选用辛烷值高的汽油。发动机压缩比在6.0～6.2的国产汽车可选66＃汽油；压缩比在6.4～7.0的国产汽车可选用70＃汽油；压缩比在7.0～8.0的各型汽车可选用90＃汽油；压缩比在8. 0以上的可选用85＃、93＃、95＃、97＃汽油。由于当代汽车发动机的结构已趋完善，上述对应关系已不明显。一般情况下，货车和轿车均可用90＃车用汽油，只有在90＃车用汽油的抗爆性不能满足该车型要求时，才改用93＃或97＃车用汽油。小型农用汽油机，压缩比在6左右，一般选用66＃或70＃ 汽油。对于二冲程汽油机，因为采用汽油与机油混合供油以保证汽油机润滑，故其燃油是由汽油与机油混合而成的混合油。例如东方红-75和铁牛-55等型号拖拉机的汽油起动机，为单缸二冲程汽油机，规定燃油是由15份汽油与1份二冲程汽油机油混合而成的混合油。

（四）汽油选用中应注意的事项

如果汽油牌号选用不当，将低辛烷值汽油用在高压缩比汽油机上，会使发动机工作产生爆震，造成发动机功率下降，耗油量增大，损坏机件；低压缩比的汽油机用高辛烷值汽油，会造成生产成本提高，浪费能源，而且由于着火慢，燃烧时间长，燃烧热能不能充分转为功率，或因燃烧气体的高温，可能烧坏排气阀和阀门座。因此，在汽油选用中应注意以下几点：

（1）如由低牌号汽油换用高牌号汽油时，应把点火提前角适当加大一些，并将化油器浮子室油面调低，针阀调小，让汽油燃烧完全，以提高发动机功率，降低汽油的消耗量。

（2）由于高原地区空气稀薄，发动机吸入的空气量减少，压缩压力也降低，因此，选用较低牌号的汽油也不易发生爆燃。

（3）在高原地区使用汽油发动机容易发生“气阻”，其原因是气压低汽油易气化，故应选用蒸发性小的汽油。

【任务实施】

一、学生分组，4～5人一组，就课前准备的汽油选用的知识点进行讨论。

1. 首先根据课前收集的相关资料，小组内对如何选用汽油简要讨论，得出小组内讨论结果。

2. 小组内讨论完毕，每组选出一名代表汇报讨论结果，再进行组间讨论，对于汽油的质量指标、选用和注意事项等内容得出讨论结果，然后由任课教师进行相关指导。

二、教师展示汽油选用的相关图片或视频资料，学生进一步讨论并回答以下问题：

1. 汽油的主要质量指标是什么？

2. 汽油选用的原则是什么？

【任务评价】

针对项目实施中的一、二部分，在实施过程中，针对不同的内容，进行小组间评价，指导教师对每组讨论的结果进行更正指导，最后由概括总评，给出正确答案。(其中组间评价占本项目实施平时成绩的40%，老师总评占本项目实施平时成绩的60%，最后给出每组本实施项目的总成绩。)任务评价表，见附录。

【任务巩固】

1. 汽油的主要质量指标可分为__________、__________、__________、________和__________。

2. 如果汽油牌号选用不当，将低辛烷值汽油用在高压缩比汽油机上，会使发动机工作产生爆震，造成发动机__________、__________和__________。

3. 简述汽油选用的原则。

任务 2　柴油的选用

【任务目标】

1. 认知柴油的主要质量指标；
2. 掌握柴油的选用原则。

【任务准备】

一、资料准备

与本任务相关的教学资料；相关柴油的图片或影像资料；任务评价表。

二、知识准备

柴油有轻柴油和重柴油，拖拉机用柴油机、汽车用柴油机及农用柴油机皆属高速柴油机，所用柴油为轻柴油。

(一)柴油的牌号和规格

柴油的牌号和规格 GB 252—87 按产品质量性能将轻柴油划分为三个等级六种牌号。即按轻柴油质量分为优级品、一级品和合格品(其产品质量性能指标分别达到国际先进水平、国际一般水平和国内平均先进水平)。每一个等级的轻柴油又按凝点分为 10#、0#、-10#、-20#、-35#、-50# 六种牌号。

(二)柴油的主要质量指标

1. 柴油的低温流动性

对能否可靠地供往气缸有一定影响。表征和影响柴油低温流动性的主要性质有浊点、凝点(又称凝固点)和冷滤点等。

(1)浊点和凝点。

①浊点:从柴油中开始析出石蜡晶体、失去透明时的最高温度称为浊点。

②凝点:柴油在标准试管内呈45°倾角下,经过1 min而不改变本身液面时的最高温度称为凝点。一般浊点比凝点高5～10℃。

(2)冷滤点。随着日益广泛采用柴油流动改进剂,凝点与浊点之间的距离拉大,就是说虽已达到浊点,但柴油仍能较顺利地通过柴油滤清器的滤网,保证供油正常,只有冷到浊点下某一温度时,析出的石蜡使滤清器滤网堵塞造成严重供油不足时,柴油机才停止工作。所以近年来引入介于浊点与凝点之间的冷过滤堵塞点这一新的指标(简称为冷滤点)。

2. 柴油的雾化和蒸发性

在既定燃烧室和喷油泵的条件下,柴油的雾化和蒸发性决定了形成混合气的质量和速度。影响柴油雾化和蒸发性的主要性质有黏度、馏分和闪点等。

(1)黏度。影响柴油雾化程度和油束射入燃烧室空气介质的深度。柴油黏度增高,会降低雾化的油粒细度。

(2)馏分。柴油机中柴油的燃烧是在气相中进行。为了获得起码是着火下限的混合气,柴油必须变为蒸气。馏分组成较轻时,蒸发较快,易于形成混合气。馏分组成较重时,蒸发很慢,形成混合气的质量差,燃烧在膨胀过程中继续进行,这时部分未蒸发的雾粒发生烃的裂解,产生一部分气体烃和一部分难以燃烧的炭粒,使燃烧室积炭量增加,排气冒黑烟,从而导致经济性能降低,气缸磨损加速,故障增加。

(3)闪点。闪点是石油产品在一定试验条件下加热后,当油料蒸气与周围空气形成的混合气接近火焰时,开始发生闪火的温度。

3. 柴油的抗粗爆性

柴油喷入气缸后立即自行着火燃烧的性能,用十六烷值来表示。

4. 柴油的贮存安定性

指柴油在贮存、运输和使用过程中保持其外观颜色、组成和使用性能不变的能力。

5. 柴油的腐蚀性

(1)硫化物的腐蚀。柴油中的硫化物,除元素硫外,还有硫化氢和硫醇等活性硫化合物以及其他非活性硫化物。由于硫的存在会给柴油机带来上述不良后果,所以对轻柴油的硫含量和硫醇硫含量必须严加限制。

(2)有机酸的腐蚀。柴油中有机酸含量较汽油高。有机酸的含量在柴油规格中用酸度表示。酸度高的柴油除了如同汽油中所述的腐蚀一样外,还使喷油泵柱塞副的磨损加剧,喷油器头上和燃烧室积炭增多,导致雾化恶化,功率降低和气缸活塞组机件磨损增加。

(三)柴油的选用

为了保证柴油机工作正常,应根据本地区的季节选用不同牌号的柴油。因为凝点低的柴油价格较高,所以在气温允许的条件下,尽量延长高凝点柴油的使用时间,以降低作业成本。一般选用柴油的凝点应低于季节最低气温3～5℃,保证在最低气温不致凝固而影响使用。

各地应根据本地区风险率为10%的最低气温选择轻柴油的牌号:

(1)10#柴油:有预热设备的高速柴油机

(2)0#柴油:>4℃以上的地区

(3)-10#柴油:>-5℃以上的地区

(4)-20#柴油:>- 14～-5℃的地区

(5)-35#柴油:>-29～-14℃的地区

(6)-50#柴油:-44～-29℃的地区

如果本地区只供应0#柴油,又遇上了零下的寒冷气温,柴油已析出石蜡而失去流动性,可以向柴油中加煤油和添加降凝剂以降低柴油的浊点和凝点。向0#柴油中加入40%的裂化煤油,可获得凝点为-10℃的柴油。

柴油品质的好坏直接关系到柴油机是否能够正常运转。如果使用品质差的柴油,一方面由于燃烧不好,导致降低柴油机功率,使其动力不足;另一方面若长时间使用会加速燃油系统各机件的磨损,降低柴油机使用寿命。因此,工程机械的柴油机应选用质量好、牌号适宜的柴油。下例就是因为选用柴油不当所引发的故障。

一台农机在冬季作业过程中,当机器稍遇阻力,柴油机转速即随之下降,导致机器不能正常作业。经了解所加入的是0#柴油,而平时该机加入的是-35#柴油。为此,重新加注-35#柴油,再起动试机,柴油机转速正常,机器可以正常作业。

(四)柴油使用注意事项

(1)保持柴油的清洁。在使用油桶加注柴油之前,要经过充分沉淀,沉淀时间最好在3 d以上。加油时还应仔细过滤,以防机械杂质的混入。在操作时还应保持储油容器和加油工具的清洁。

(2)不同标号的柴油可以混用。不同标号的柴油可掺兑使用,并可根据气温情况适当调配,以充分利用资源。但应注意掺兑后的凝点不是两种标号柴油的平均值,要比两者平均值稍高一些。例如-10#和-20#各一半对掺,掺兑后所得柴油凝点不是-15℃,而是高于-15℃,约为-15～-14℃。掺兑时应注意搅拌均匀。在冬季缺乏低凝点柴油时,也可在0#柴油里掺入40%裂化煤油,可获得-10#煤油。

(3)柴油中不能掺入汽油。柴油中若有汽油存在,燃烧性能将显著变差,导致起动困难,甚至不能起动。汽油进入气缸还会冲刷气缸润滑油膜,加速气缸的磨损。

(4)尽量选用好柴油。选用柴油时,应尽量选用优级品或一级品(硫含量分别不大于0.2%、0.5%)。

【任务实施】

一、学生分组,4～5 人一组,就课前准备的柴油选用的知识点进行讨论。

1. 首先根据课前收集的相关资料,小组内对如何选用柴油简要讨论,得出小组内讨论结果。

2. 小组内讨论完毕,每组选出一名代表汇报讨论结果,再进行组间讨论,对于柴油的质量指标、选用和注意事项等内容得出讨论结果,然后由任课教师进行相关指导。

二、教师展示柴油选用的相关图片或视频资料,学生进一步讨论并回答以下问题:

1. 柴油的主要质量指标是什么?

2. 柴油选用的原则是什么?

【任务评价】

针对项目实施中的一、二部分,在实施过程中,针对不同的内容,进行小组间评价,指导教师对每组讨论的结果进行更正指导,最后概括总评,给出正确答案。任务评价表见附录。

【任务巩固】

1. 柴油的主要质量指标为__________、__________、__________、__________和__________。

2. 柴油的腐蚀性分为__________和__________。

3. 简述柴油的选用原则。

项目 2

润滑剂的选用

【项目描述】

在农业机械运转的过程中，机器的一些部位如果没有润滑剂的润滑作用，就会产生干摩擦，造成机器损坏。试验证明，干摩擦短时间内产生的热量非常大，足以让金属熔化，损害机器，在实际生活中，导致农机发动机出现抱轴和拉缸的现象。

此项作业的目的就是通过润滑剂的选用方法的介绍，认知润滑油的选用方法、齿轮油的选用方法和润滑脂选用方法，进而解决实际生产问题。

本项目分为润滑油的选用、齿轮油的选用和润滑脂的选用3个工作任务。

通过本项目的训练，认知润滑剂的选用等工作内容；熟悉润滑油的主要性能指标，掌握润滑油、齿轮油和润滑脂的选用方法；培养学生认真严谨、踏踏实实的工作态度以及同学间沟通协作能力。

任务1　润滑油的选用

【任务目标】

1. 认知润滑油的分类及规格标准；
2. 掌握润滑油的选用。

【任务准备】

一、资料准备

与本任务相关的教学资料；相关润滑油的图片或影像资料；任务评价表。

二、知识准备

（一）润滑油的主要性能指标

1. 黏度和黏温性能

黏度是润滑油最重要的性能。

（1）黏度及其分类。黏度就是液体流动时内摩擦力的量度。

（2）黏度对发动机工作的影响。与发动机摩擦功率的大小、运动零件的磨损量、活塞环的密封程度、润滑油及燃油的耗量、发动机冷起动的轻快性、零件的温度等有密切的关系。

（3）黏温性能。润滑油的黏度是随温度变化而变化的，温度升高黏度变小，温度下降黏度增大，这种关系及其变化程度就称为润滑油的黏温性。

2. 润滑油的低温黏度和低温泵送性

（1）润滑油的低温黏度。它对发动机冷起动性能有重要的影响。如果润滑油低温黏度太大，曲轴转动时的阻力矩太大，达不到所需的最低转速而不能起动，或者勉强起动，但是，摩擦力太大，零件磨损加剧。所以要求润滑油能适应很宽的温度范围，即不仅要求有适当的高温黏度，而且要限制低温下的黏度界限一般要求在 3 000～5 000 mPa·s 之间。

（2）润滑油的低温泵送性。发动机起动后，必须在很短的时间内使润滑系的油压达到正常，这样才能保证发动机各摩擦表面得到及时充分的润滑。否则，将造成起动后零件剧烈磨损，出现异响，以致被迫停机，导致冷起动失败。在低温下，若润滑油过于黏稠或有石蜡析出，流动性差，会出现中断供油。

3. 润滑油的起泡性

起泡性是指油品生成泡沫的倾向及生成泡沫的稳定性能，内燃机润滑油由于快速循环和飞溅，必然会产生泡沫。如果泡沫过多，或泡沫不能迅速消除，将会造成摩擦表面供油不足，以致破坏正常的润滑，所以要对起泡沫性加以控制，在润滑油中加入抗泡沫添加剂。

4. 润滑油的氧化安定性及防腐性

（1）氧化安定性。润滑油在贮存和使用过程中，与空气中的氧气接触，在一定条件下，便会发生化学变化，而产生一些新的氧化物，如酸类、胶质等。这些氧化物聚集在油里，使油在外观和理化性质上都会发生变化，如颜色变暗、黏度增加、酸性增大、并且可能会有沉淀物析出。

（2）防腐性。润滑油在使用过程中不可避免被氧化而生成各种有机酸，在高温、高压和有水存在的条件下，将对金属起腐蚀作用。柴油机的铜铅合金轴承，抗腐蚀性很差，在润滑油中即使只有微量的酸性物质也引起严重的腐蚀，使轴承表面出现斑点、麻坑，甚至整块剥落。所以内燃机油，特别是柴油机油，对防腐性指标有严格的要求。

5. 润滑油的清净分散性

清净添加剂是一种具有表面活性的物质，它能吸附油中固体污染物颗粒，并把它们悬浮在油的表面，以保证参加循环的是清净的机油，减小高温沉积物和漆膜的形成；分散剂则能将低温油泥分散于油中，以便在机油循环过程中将其滤掉。清净分散添加剂是它们的总称，它还兼有洗涤、抗氧及防腐等作用，因此被称为多效添加剂。

6. 润滑油的抗磨性

润滑油内的表面活性物质能把油吸附在零件表面，形成有一定强度的油膜，润滑油的这种能力叫作油性。现代汽车拖拉机的发动机经常在高转速重负荷下工作，单靠润滑油天然存在的油性所形成的油膜，已不能承受这种工况。为了保证润滑油有可靠的抗磨性，必须在油中加入抗磨添加剂，以增强吸附油膜的强度，防止金属表面直接接触，形成干摩擦而剧烈磨损。但在高负荷条件下，将会产生高温高压，零件表面可能产生擦伤及烧结的危险。这种高温高压下的边界润滑，称为极压润滑，润滑油在极压条件下的抗磨性，叫极压性。在润滑油中加入极压添加剂，则能在高温下和金属表面起化学反应，形成一层化学反应膜，防止高负荷下金属表面发生熔结、卡咬、划痕和刮伤。

7. 水分和机械杂质

发动机润滑油应严防水分和机械杂质。按国家标准规定，发动机润滑油在未加添加剂前，均不含有机械杂质；加添加剂后的机械杂质含量为“不大于 0.01%”。发动机润滑油的水分含量不大于痕迹（含水量在 0.03% 以下认为是痕迹）。

(二)润滑油的分类及规格标准

按国际通用的分类，将内燃机机油分为汽油机油、柴油机油、船用柴油机油、二冲程汽油机油和铁道柴油机油等。在此只介绍汽油机油和柴油机油，而且着重于农用。

1. 内燃机油分类

我国石油产品及润滑剂参照采用国际标准的分类方法。国际上广泛采用美国汽车工程师学会(SAE)黏度分类法和美国石油学会(API)使用(质量)分类法，这两种分类法已被国际标准化组织(ISO)所确认，内燃机油将不另订国际标准。

SAE 黏度分类：

- SAE
  - 单级黏度　　单级夏用：20、30、40、50
  - 多级黏度

单级冬用：W 前的数字越小，低温黏度越小，低温流动性越好，适用的温度越低；

单级夏用：数字越大，黏度越大，适用的最高温度越高。

API 质量分类：

- API
  - 汽油机油系列 S：SA、SB、SC、SD、SE
  - 汽油机油系列 C：CA、CB、CC、CD

（↓ 性能愈好）

2. 柴油机油

按特性和使用场合(质量)分为：ECA、ECB、ECC、ECD 四级。

(1)ECA：用于缓和至中等负荷条件下工作的轻负荷柴油机，要求具有高温清净性、抗氧化抗腐蚀性。

(2)ECB：用于缓和至中等负荷条件下工作的使用高硫燃油的轻负荷柴油机。具有高温清净性、抗氧化抗腐蚀性和一定的酸中和能力。

(3)ECC：用于中等负荷条件下工作的低增压的柴油机和工作条件苛刻(或热负荷高)的非增压的高速柴油机，以及国外要求使用 SAE J183CC 级油的柴油机。具有好的高温清净性，抗氧化抗腐蚀性和抗磨性。

(4)ECD：用于高速高负荷条件下工作的增压柴油机、以及国外要求使用 SAEJ183CD 级油的柴油机。具有更好的高温清净性、抗氧化抗腐蚀性和抗磨性。

3. 汽油机油

汽油机油按特性和使用场合分为：EQB、EQC、EQD、EQE、EQF。

(1)EQB:用于缓和条件下工作的货车或客车和其他的汽油机,具有一定的清净性、分散性和抗氧化、抗腐蚀性。

(2)EQC:用于中等条件下工作的货车或客车和其他的汽油机,也可用于国外要求使用SAE J183SC级油的汽油机。具有较好的清净性、分散性、抗氧化、抗腐蚀性和防锈性。

(3)EQD:用于较苛刻条件下工作的货车或客车和某些轿车的汽油机,并能满足装有曲轴箱强制换气装置的汽油机的要求,以及国外要求使用SAEJ183SD和SC级油的汽油机。比EQC级油具有更好的性能。

(4)EQE:用于苛刻条件下工作的轿车和某些货车的汽油机,并能满足装有尾气转化装置的汽油机以及类似国外要求使用SAE J183SE、SD和SC级油的汽油机。比EQD级油具有更好的性能。

(5)EQF:用于更苛刻条件下工作的轿车和某些货车的汽油机,也可用于国外要求使用SAE J183SKSE、SD和SC级油的汽油机。比EQE级油具有更好的性能。

(三)发动机润滑油的选用

1.根据工作条件的苛刻程度选用适当的机油品使用级(质量级)

无论是汽油机还是柴油机,都应严格按照发动机使用说明书的规定,选用与之相适应的机油品种—使用级。汽油机油工作条件的苛刻程度与汽车生产年份有关。

柴油机可以通过计算强度系数来选择合适的机油品种。强化系数用以表示柴油机的强化程度,强化系数越高,即负荷性机械负荷越高,机油的工作条件越苛刻,就要求选用使用级高的柴油机油。强化系数的计算公式为:

$$K_{\varphi} = P_e v_h \tau \tag{6-2}$$

式中:P_e— 气缸平均有效压力;

v_h— 活塞平均线速;

τ— 冲程系数(四冲程 0.5,二冲程 1.0)。

求出强化系数后,根据下列三种情况,分别找出应选用的柴油的使用级。如表6-1所示。

表6-1 k_{φ}值计算结果与选油的关系

k_{φ}	用油选择和相当的规格
$k_{\varphi} < 30$	ECA级或旧标准8#、11#、14#柴油机油
$30 < k_{\varphi} < 50$	ECC级或旧标准低增压11#、14#柴油机油
$k_{\varphi} > 50$	ECD级或旧标准中增压柴油机油11#、14#柴油机油

2.根据地区季节气温,结合发动机的性能和技术状态选择适当的机油牌号黏度级

由于单级油不可能同时满足低温和高温的要求,因此只能根据当地季节气温适当选用;多级油的适用温度范围较宽,但不同黏度级号的多级油,其低温黏度和泵送性也有区别,适用的地区也有所不同,要正确选用。

(四)润滑油的使用管理

1. 润滑油的选用问题

质量级选择:高级机油可以用在要求较低的发动机上,可是过多降级使用是不合算的;但是,若把使用级较低的机油加在要求较高的发动机上使用,则将会造成发动机早期磨损和损坏。

黏度级选择:在保证气缸活塞密封良好、机件磨损正常的条件下,适当选用低黏度的润滑油,以有利于机油循环,起减磨、冷却和洗涤作用。

2. 润滑油的代用问题

柴油机比汽油机工作条件更为苛刻,因此容易出现因高温沉积物而造成黏环问题。所以,在柴油机油中添加了高碱度金属清洗剂、抗氧化抗腐蚀添加剂等。因而,柴油机油不能使用汽油机油代替。

3. 润滑油的混用问题

现在使用的润滑油,一般含有多种添加剂,这些添加剂的组成和性质有很大差别,不能随便混合,否则有可能使机油产生沉淀、分层。因此,要混合使用机油时,必须经混合试验,确认无沉淀和分层,方能混合使用。

4. 加强与润滑油使用有关的保养

(1)保持正常的油面,油量不足时不仅会加速机油变质,而且还可能引起部件烧损;油面过高,会窜入燃烧室参与燃烧,增加积炭;

(2)保持曲轴箱通气良好 以减少润滑油污染变质;

(3)经常保养空气滤清器,同样也能减少润滑油的污染变质;

(4)定期清洗和更换机油滤清器滤芯;

(5)更换机油时一定要在高油温下进行,这样油中的悬浮和沉积物才易于随机油排出。

【任务实施】

一、学生分组,4～5 人一组,就课前准备的润滑油选用的知识点进行讨论。

1. 首先根据课前收集的相关资料,小组内对如何选用润滑油选用简要讨论,得出小组内讨论结果。

2. 小组内讨论完毕,每组选出一名代表汇报讨论结果,再进行组间讨论,对于润滑油主要性能指标、润滑油选用与使用管理等内容得出讨论结果,然后由任课教师进行相关指导。

二、教师展示润滑油选用的相关图片或视频资料,学生进一步讨论并回答以下问题:

1. 润滑油主要性能指标是什么?

2. 润滑油的分类及规格标准是什么?

3. 加强与润滑油使用有关的保养主要有哪几个方面?

【任务评价】

针对项目实施中的一、二部分,在实施过程中,针对不同的内容,进行小组间评价,指导教师对每组讨论的结果进行更正指导，最后由概括总评，给出正确答案。任务评价表，见附录。

【任务巩固】

1. 润滑油主要性能指标是什么？
2. 润滑油的分类及规格标准是什么？
3. 润滑油如何选用？

任务 2 齿轮油的选用

【任务目标】

1. 掌握齿轮油的主要性能和种类；
2. 会选用合适的齿轮油。

【任务准备】

一、资料准备

与本任务相关的教学资料；相关齿轮油的图片或影像资料；任务评价表。

二、知识准备

齿轮油用于拖拉机、汽车和作业机械上传动系统的齿轮润滑。

（一）齿轮油的主要性能

1. 油性和极压性

油性和极压性是齿轮油的最主要性能。齿轮传动中，齿与齿之间接触面积不大，啮合部位单位压力很高，一般汽车齿轮的单位压力可达 2 000～3 000 MPa，而准双曲线齿轮可达 3 000～4 000 MPa，相对滑移速度可达 400 m/min 以上。这样高的压力和滑动速度，就要求齿轮油具有很强的减摩（油性）、抗磨（极压性）作用。

2. 抗泡沫性

齿轮油在空气存在下受激烈搅动，就会产生许多小气泡，它们上升到液面，若很快消失就不影响使用，若形成安定的泡沫便会发生溢流和磨损等事故。为了减少泡沫，一方面要破坏已产生的泡沫；另一方面要抑制泡沫的产生。前者可用醇类达到这个目的，后者是用预先加到油中的抗泡剂达到目的，常用的是硅油。

3. 黏附性

为了使润滑油牢固地黏附在摩擦表面上，既不要由于齿轮旋转的离心作用而飞溅，也不要滴落，除了加大黏度外，还必须增大对表面的黏附性。

(二)齿轮油的种类

1. 车辆齿轮油的种类和规格

新标准的车辆齿轮油，按其负荷承载能力和使用场合不同而分成：

(1)CLC 级齿轮油：精制矿油加抗氧剂、防锈剂、抗泡剂和少量极压剂等制成，适用于中等速度和负荷比较苛刻的手动变速器和螺旋伞齿轮的驱动桥。

(2)CLD 级齿轮油：精制矿油加抗氧剂、防锈剂、抗泡剂和极压剂等制成，适用于在低速高扭矩、高速低扭矩下操作的各种齿轮，特别是客车辆和其他各种车辆用的准双曲面齿轮。

(3)CLE 级齿轮油：精制矿油加抗氧剂、防锈剂、抗泡剂和极压剂等制成，适用于在高速冲击载荷、高速低扭矩和低速高扭矩下操作的各种齿轮，特别是客车和其他各种车辆的准双曲面齿轮。

(三)齿轮油的选用

(1)根据工作条件的苛刻程度选择齿轮油的品种。我国车辆齿轮油分类 CLC、CLDCLE 相当于 API 使用分类的 GL-3、GL-4、GL-5。一般应按车辆使用说明书的规定选用齿轮油品种。农用拖拉机牵引作业时的负荷很大，可选用 CLD 或 CLE 级。

(2)根据当地季节气温选择齿轮油的牌号黏度级。齿轮油的低温黏度达 150 000 mPa·s 时的最高温度决定其适用的最低气温。75 W、80 W、85 W、90＃ 和 140＃油，该温度分别为 －40℃、－20℃、－12℃－10℃和 10℃，应对照当地冬季最低气温适当选用。

①不能将品种较低的齿轮油用在要求较高的车辆上，否则会使齿轮很快磨损或损坏，反之，则经济上不合算。

②如用黏度牌号太高的齿轮油，将使燃油消耗显著增加，故尽可能使用合适的多级油。

③应按规定的换油指标换用新油，无油质分析手段时，可按期换油。

【任务实施】

一、学生分组，4～5 人一组，就课前准备的齿轮油选用的知识点进行讨论。

1. 首先根据课前收集的相关资料，小组内对如何选用齿轮油选用简要讨论，得出小组内讨论结果。

2. 小组内讨论完毕，每组选出一名代表汇报讨论结果，再进行组间讨论，对于齿轮油主要性能指标、齿轮油种类和选用等内容得出讨论结果，然后由任课教师进行相关指导。

二、教师展示齿轮油选用的相关图片或视频资料，学生进一步讨论并回答以下问题：

1. 齿轮油主要性能指标是什么？

2. 齿轮油的种类有哪些？

3. 齿轮油的选用标准是什么？

【任务评价】

针对项目实施中的一、二部分，在实施过程中，针对不同的内容，进行小组间评价，指导教师对每组讨论的结果进行更正指导，最后概括总评，给出正确答案。任务评价表见附录。

【任务巩固】

1. 齿轮油主要性能指标是什么?

2. 齿轮油的种类有哪些?

3. 齿轮油的选用标准是什么?

任务3 润滑脂的选用

【任务目标】

1. 掌握润滑脂主要性能和种类;

2. 针对不同的农业机具,会选用合适的润滑脂。

【任务准备】

一、资料准备

与本任务相关的教学资料;相关润滑脂的图片或影像资料;任务评价表。

二、知识准备

(一)润滑脂的主要性能指标

根据拖拉机、汽车和作业机械用润滑脂部位的工作条件,对润滑脂的性能基本要求是:适当的稠度,良好的高低温性能,以及抗磨性、抗水性、防锈性和安全性等。

1. 稠度

稠度是指润滑脂的浓稠程度,可用锥入度表示。锥入度是指在规定时间和温度条件下,规定质量的标准锥体刺入润滑脂试样的深度,以 1/10 mm 表示。锥入度反映润滑脂在低剪切速率下变形和流动阻力的性能。锥入度越大、脂越软,即稠度越小、越易变形和流动,锥入度越小,则脂越硬,即稠度越大,越不易变形和流动。我国润滑脂稠度等级和相应锥入度范围的对应关系如表 6-2 所示。

表 6-2 润滑脂的稠度等级和相应的锥入度范围

稠度等级	00	0	1	2	3	4	5
锥入度范围	400～430	355～385	310～340	265～295	226～250	175～205	130～160

2. 高温性能

润滑脂的温度对其流变性有很大的影响。当温度上升,润滑脂变软,熔融时会从摩擦表面流失而失去润滑作用。

3. 低温性能

低温性能用相似黏度(即表观黏度)表示,它是指在一定温度和一定剪切速率下测得的黏度。相似黏度影响起动阻力和功率损失,以及润滑脂进入摩擦面间隙的难易程度,所以用它作为评定润滑脂低温性能的重要依据。

(二)润滑脂的种类和牌号

根据 GB 7631.8—90 的规定,我国润滑脂的分类采用国际标准(ISO)的分类方法。

字母 1—X 系指润滑脂的组别代号:字母 2 系指最低操作温度;字母 3 系指最高操作温度;字母 4 系指在水污染的操作条件下,其抗水性能和防锈水平;字母系 5 指在高负荷或低负荷场合下的润滑性能,最后是用数字表示的黏稠等级。在润滑脂的分类体系中,用统一的方式标记所有种类的润滑产品,并必须采用表 6-3 的书写顺序。

表 6-3　润滑脂标记的字母顺序

L	X(字母 1)	字母 2	字母 3	字母 4	字母 5	稠度等级
润滑剂类	润滑剂组别	最低温度	最高温度	水污染	极压性	稠度号

(三)润滑脂的选用

应根据车辆和机械设备使用说明书的规定选用与用脂部位操作条件相适应的润滑脂品种和稠度牌号。所谓按操作条件选用主要指如下几项:

1. 最低操作温度和最高操作温度

被润滑部位的最低操作温度应高于选用润滑脂第二个字母 A、B、C、D 所对应的 0℃、−20℃、−30℃、−40℃、<−40℃的低温界限,否则在起动和运转时将会造成摩擦和磨损增加。被润滑部位的最高操作温度应低于第三个字母 A、B、C、D、E、F、G 所对应的 60℃、90℃、120℃、140℃、160℃、180℃、>180℃的高温界限,高温界限比滴点低 20~30℃或更低。

2. 水污染

水污染包括环境条件和防锈性。环境条件分为干燥环境(L)、静态潮湿环境(M)和水洗(H)。防锈性分为不防锈(L)、淡水存在下防锈性(M)和盐水存在下防锈性(H)。综合环境条件和防锈性要求,选择字母所表述的水污染级别。如拖拉机、汽车在水洗环境 (H)下使用,并在淡水防锈性要求 (M),则第四个字母应为 H。

3. 负荷

负荷是指摩擦面单位面积所受的压力。根据高负荷和低负荷的工作条件,分别选用第五个字母所表述的非极压型润滑脂(A)或极压型润滑脂(B)。

4. 稠度牌号

黏度牌号与环境温度及转速、负荷等因素有关。一般高速低负荷的部位,应选用稠度牌号低的润滑脂,而环境温度较高时,稠度牌号可提高一级。汽车拖拉机一般推荐使用 1#或 2#脂。

综上所述,举例的 L-XCCHA2 润滑脂,是一种适于在汽车拖拉机各摩擦点使用的润滑脂,对照现有的润滑脂产品规格,可选用 2#通用锂基润滑脂。在润滑脂未按新国际的分类方法命名时，应按上述方法，对照润滑脂的具体规格选用。

【任务实施】

一、学生分组，4～5 人一组，就课前准备的润滑脂选用的知识点进行讨论。

1. 首先根据课前收集的相关资料，小组内对如何选用润滑脂选用简要讨论，得出小组内讨论结果。

2. 小组内讨论完毕，每组选出一名代表汇报讨论结果，再进行组间讨论，对于润滑脂主要性能指标润滑脂种类和选用等内容得出讨论结果，然后由任课教师进行相关指导。

二、教师展示润滑脂选用的相关图片或视频资料，学生进一步讨论并回答以下问题：

1. 润滑脂主要性能指标是什么？

2. 润滑脂的种类和牌号有哪些？

3. 润滑脂如何选用？

【任务评价】

针对项目实施中的一、二部分，在实施过程中，针对不同的内容，进行小组间评价，指导教师对每组讨论的结果进行更正指导，最后概括总评，给出正确答案。任务评价表见附录。

【任务巩固】

1. 润滑脂的主要性能指标：____________、____________和____________。

2. 润滑脂的种类和牌号有哪些？

3 润滑脂如何选用？

项目 3

油料的管理

【项目描述】

在拖拉机和各种机械设备的使用说明书中，对使用润滑油的部位，一般均规定了换油周期。实际上，影响润滑油老化变质的因素千差万别，按照统一的换油周期，难免存在因换油过晚造成机械早期磨损，或者因换油过早造成润滑油浪费。如果能够经常对在用油进行取样化验，监测其质量指标的变化，除了可以合理确定换油时机，实行按质换油；同时，通过对在用油的质量变化异常现象的分析，还可以及早发现和消除潜在的故障和隐患，从而提高了机械的运行可靠性和使用寿命。

此项作业的目的就是通过油料质量管理的介绍，认知油品质量变化原因、维护油品质量措施和柴油的净化和添加方法，进而解决实际生产问题。

本项目分为油料质量管理、柴油的净化和添加、油料的安全管理和农机节油管理共 4 个工作任务。

通过本项目的训练，认知油料质量管理和柴油的净化和添加等工作内容；熟悉油品质量变化原因，掌握维护油品质量措施和柴油的净化和添加方法；培养学生认真严谨、踏踏实实的工作态度以及同学间沟通协作能力。

任务 1　油料质量管理

【任务目标】

1. 掌握油品质量变化原因；
2. 认知在用润滑油质量变化的原因。

【任务准备】

一、资料准备

与本任务相关的教学资料；相关油料质量管理的图片或影像资料；任务评价表。

二、知识准备

油品从选购到运输收发存放和添加过程中，将会发生不同程度的质量变化。油品变质的内在原因是氧化、蒸发、添加剂失效和析出等，外部因素是混入水分机械杂质和异种油料等造成的污染变质。在存放中容易发生氧化蒸发变质，而在运输添加过程中则发生污染变质的较多。

(一)油品质量变化原因

1. 油品的蒸发和氧化变质

燃油存放保管不善或长期存放，都会造成轻质成分蒸发，结果引起理化性质的变化，润滑油的蒸发损失极小。油品存放中难免与空气中的氧接触，特别温度较高时容易氧化。燃油的这些化学物理变化，将影响发动机燃油输送、起动性能和燃烧质量。润滑油的氧化，将降低发动机润滑质量，并增大发动机机件、特别是柴油机轴承的腐蚀。

2. 油品混入水分和机械杂质的污染变质

油品在贮运和添加过程中，如果容器和工具不净、容器没盖严等原因，都会造成水分和机械杂质进入油品中。水分混入燃油中，冬季水分将结冰，造成燃油系滤清器和油路堵塞，严重时中断供油，同时，水分还起加速发动机零件腐蚀、降低柴油燃烧时的发热量、破坏汽油中的添加剂等不良作用。

机械杂质（灰尘、铁锈和各种氧化物）进入柴油中，将加速燃油系三大精密偶件的磨损，严重时将造成柱塞副卡死、喷油器针阀卡死、喷油孔堵塞、出油阀关闭不严等故障。汽油中的机械杂质，会加速化油器量孔的磨损或堵塞化油器量孔和滤清器，还会加速气缸活塞组零件的磨损。

润滑油和润滑脂混入了水分和机械杂质，也会增加机件磨损和腐蚀。润滑油有水时，不但会引起发动机零件的腐蚀，当水与高于 100℃ 的金属零件接触时，会形成蒸汽破坏润滑油膜，使油在工作时油膜强度降低，而且产生泡沫或乳化变质。

3. 油品混油的污染变质

不同品种、牌号的油相混合也会影响油品质量，如柴油中混入汽油，会使闪点降低和燃烧性能变差。各种润滑油混入轻质燃油，会降低闪点和黏度等，增加机件磨损。

（二）影响润滑油老化变质的使用因素

使用时间的长短是影响润滑油老化变质的基本因素，这是长期以来实行定期换油的依据。但是，对换下的旧油分析表明，同样的使用时间，由于车辆技术状态和运行条件不同，机油的老化变质有时相差甚远。影响机油老化变质速度的主要因素是：

1. 发动机技术状态

技术状态恶化时，将加速机油老化。如气缸活塞组磨损，造成窜气严重；燃油系电系失调，使燃油燃烧不完全；曲轴箱通风不畅，会增加机油的污染；不正常的磨损使含铁量增加等，均加速机油老化变质过程。

2. 运行条件

运行条件苛刻，机油老化变质的速度加快。如长时间在超负荷工况下作业，机油温度过高而深化氧化；而发动机时开时停，起动频繁，或长时间轻负荷工作，则因温度过低会产生大量油泥沉积物。车辆在不同的道路田土和气候条件下运行，对机油老化变质过程都有显著的影响。

（三）维护油品质量措施

用油单位为了维护油品质量，主要靠把好验收关，保管关和领发关，严格执行有关规定和制度。

1. 严格油品的入库验收制度

做到与单据不符的油品不收，不带合格证的不收，质量不合格的不收。验收时，必须认真核对单据和实物，做到账、单和实物在品种、牌号及数量上完全相符；容器上应有清晰的品种名称、牌号及包装日期等标记，以及生产厂厂名；容器不渗漏，封口严密，并应有签封和产品出厂合格证。必要时进行抽样化验。发生有关质量意见分歧时，此留样作为仲裁检验的凭证。

2. 在保管时采取各种延缓油品变质的措施

(1)减轻氧化和蒸发可采用下列预防措施：

①放油料时坚持先入库的油料先发放。

②低温度以减缓氧化和蒸发速度。如注意油罐涂色，油罐应漆成银白色或浅灰色，在油库周围种树遮阴，建立地下、半地下及室内油库等，傍山之处亦可利用山洞。

③少油料和空气的接触机会，储油容器除留出必要的膨胀余地外应尽量装满，以减少空气存在的李间。小桶汽油、润滑油、润滑脂及柴油等都可密闭储存。发放油料时应发完一个容器再发另一个容器。此外，还应避免倒装油料。

(2)防止水分和杂质混入油内或油料互相混杂可采用下述措施：

①入库的油料应进行简易的质量检查。

②免在风雪雨天装卸油料。

③露天存放的油桶下边应有垫木，倾斜放置。单口桶的桶口要朝上，双口桶的桶口应保持在同一水平线上，并及时清除桶面上的积水。

④类油的储存容器、装卸和添加设备均应专用并保持清洁，油桶需换装别种油或油桶本身已脏时应予以清洗，油桶清洗要做到四无(无水分、无铁锈、无杂质、无残油)，绝对不允许用存放过氨水或其他化肥的容器不经清洗而直接盛装油料。

3. 严格领发制度

做到先进货的油料先发，不合格的不发。要定期清洗装油容器和设备，不清洁的容器不能装油。柴油要保证沉淀 96 h 后才能发放，并一定经过过滤。

4. 其他措施

有条件的用油单位，可以建立油品的监测化验手段和制度，对验收、保管及在用油进行定期化验、监测。作为油料管理人员，还应掌握一定的鉴别油料的简易方法，如表 6-4 所示。

表 6-4 常用油料的简易识别

名称	看	闻	摇	摸
汽油	浅黄色，浅红色或橙黄色	强烈刺鼻气味	气泡随产生随消失	发涩，有凉感
煤油	白色到浅黄色透明		气泡消失快	稍有光滑感，挥发较汽油慢
轻柴油	茶黄色，表面发蓝		气泡小，消失快	光滑感，手沾后有油感
重柴油	棕褐色	稍带柴油味，有些发臭	气泡带黄色，消失较快	手感光滑，有油感
汽油机油 柴油机油	深棕色到发蓝黑色	有酸性气味	气泡少而大，消失慢，油“挂瓶”较多，呈黄色	蘸水捻动后稍有乳化，发黏稠，能抽短丝
齿轮油	黑色到黑绿色	有焦糊味	油“挂瓶”很长时间不净，气泡少	沾手不易去掉，能拉丝

续表 6-4

名称	看	闻	摇	摸
钙基润滑脂	黄褐色，结构均匀，光滑，软膏状		在水中无很大变化，搅拌不乳化	光滑，不拉丝，蘸水捻动不乳化
钙钠基润滑脂	浅黄色，发白，微呈颗粒状，结构松散，软膏状			
纳基润滑脂	黄褐色，呈粒状、纤维状和海绵状		在润滑脂放入水中搅拌后变稀，且滑腻，再剧烈搅拌后呈乳白色	
锂基润滑脂	黄色到褐色，结构细腻，软膏状			很光滑，较软，手捻不拉丝

【任务实施】

一、学生分组，4～5 人一组，就课前准备的油料质量管理的知识点进行讨论。

1. 首先根据课前收集的相关资料，小组内对油料质量管理简要讨论，得出小组内讨论结果。

2. 小组内讨论完毕，每组选出一名代表汇报讨论结果，再进行组间讨论，对于油品质量变化原因、维护油品质量措施等内容得出讨论结果，然后由任课教师进行相关指导。

二、教师展示油料质量管理的相关图片或视频资料，学生进一步讨论并回答以下问题：

1. 油品质量变化原因是什么？

2. 影响润滑油老化变质的使用因素有哪些？

3. 维护油品质量的措施有哪些？

【任务评价】

针对项目实施中的一、二部分，在实施过程中，针对不同的内容，进行小组间评价，指导教师对每组讨论的结果进行更正指导，最后概括总评，给出正确答案。任务评价表见附录。

【任务拓展】

农业机械油料的储藏注意事项

(一)设备齐全洁净

油库一般要配有油罐、油桶、计量净化用具、装卸设备及运油车等。储运油料的设备，其数量依油点年销售量和周转次数而定。

(二)燃油不得混存

一般情况下，油料不得混存，即不同牌号、不同季节使用的油料不能互相储存。若油罐油桶不足而卸油任务紧迫时，可暂时允许同牌号、不同来源的油混存，但同牌号、不同季节使用的油料不能混存。

(三)防止杂质混入

桶装油不应露天存放,这样容易混入杂质使油料变质。汽油最好用油罐储存,以防蒸发损失。

(四)严防烟火静电

油库、油桶等现场不准有火柴、打火机等火种,不准使用明火,不准产生接触火星,防止因静电作用而引起汽油着火。

【任务巩固】

1. 发动机的__________、__________和__________以及__________,是引起润滑油各种性质发生变化的主要区域。
2. 农业机械油料的储藏注意事项有哪些?
3. 简述维护油品质量的措施。

任务 2　柴油的净化和添加

【任务目标】

1. 掌握柴油的净化和添加;
2. 了解柴油添加剂原理和柴油添加剂功能介绍。

【任务准备】

一、资料准备

与本任务相关的教学资料;相关柴油的净化和添加的图片或影像资料;任务评价表。

二、知识准备

根据国家标准,柴油不得含有机械杂质,但在储运和添加过程中会混入机械杂质,特别是储油容器和加油工具不干净、或加油方法不当时,更易使机械杂质混入柴油中。机械杂质多半是长石、石英、黏土,以及刚玉、岩石、石榴石等,柴油中含有机械杂质将使精密偶件加速磨损而导致丧失工作能力,造成发动机功率下降,耗油率增加,起动困难等。尽管柴油机的燃油供给系中设有粗、细滤清器,但其滤清能力是有一定限度的,尤其是柴油中机械杂质过多时,滤清效果更达不到要求。因此,必须采取相应的措施,加强柴油的机外净化,以保证柴油的质量。

通过多年的实践,柴油的机外净化广泛采用:缓冲进油,层层过滤,沉淀处理,浮子取油,容积计量,密封加油的净化系统。其中沉淀和过滤是净化柴油的主要措施。

(一)柴油的沉淀净化

沉淀是柴油净化中既简便又经济的方法,净化效果也较好。当柴油在静止的容器中放置时,由于机械杂质的比重(一般为 2 g/cm^3)大于柴油的比重,所以下沉,使容器上层的油逐渐清洁,这一方法称为沉淀净化。微粒在液体的重力场内靠自身重量下沉,可按斯托克斯公式计算其理论的沉降速度:

$$v = \frac{1}{18}(\rho_1 - \rho_2)\frac{d^2}{\mu} \tag{6-3}$$

式中:d,ρ_1—微粒直径,比重;

μ,ρ_2—液体的动力黏度,比重。

由上式可见,杂质微粒的比重和柴油的比重相差越大,微粒的直径越大,柴油的黏度越小时,杂质微粒的沉降速度就越大。实际上,柴油中的杂质微粒的实际沉降速度比理论速度要慢。杂质微粒在柴油中的沉降速度的影响因素很多,如柴油牌号(比重、黏度)、微粒的种类(比重、粒径)、环境温度等。

(二)柴油的滤清净化

油液通过有滤料或过滤元件的容器时,其中的杂质微粒被阻拦、吸附或直接分离,这种净化方法称为滤清净化。在柴油的净化方案中采取层层过滤,即柴油注入油罐时采用开式过滤器;柴油从油罐内注入加油或运油桶时用密闭式过滤器;柴油加入机车油箱时再次采用密闭式过滤器。

(1)过滤材料。目前采用较多的有细铜丝网、绢、棉线、绸布和滤纸等。研究证明,相同材料的不同组合,不同材料的不同组合,以及输油净化方式不同,柴油中初始杂质含量不同,其净化效果和过滤速度也不同。

(2)滤清器型式。向储油罐卸油时,在油罐进口处常采作敞开式过滤器进行过滤,滤芯多采用细密的铜丝网作过滤材料(靠重力卸油)。

(三)柴油的添加

柴油从出库到注入机车油箱,若不注意加油车和运油桶以及加油工具的干净,则出库时干净的柴油在注入机车油箱时,又将重新受到污染,所以柴油的添加在柴油的净化措施中又属一项重要环节。

采用密封方式加油是防止柴油在添加过程中污染和抛洒的较好方法。

拖拉机在田间密封加油,最好采用油泵强制过滤加油,利用加油泵(手油泵或拖拉机动力输出轴驱动油泵),使柴油强制通过过滤器注入机车油箱。

【任务实施】

一、学生分组,4～5 人一组,就课前准备的柴油的净化和添加的知识点进行讨论。

1.首先根据课前收集的相关资料,小组内对柴油的净化和添加简要讨论,得出小组内讨论结果。

2. 小组内讨论完毕，每组选出一名代表汇报讨论结果，再进行组间讨论，对于柴油的净化、柴油的添加等内容得出讨论结果，然后由任课教师进行相关指导。

二、教师展示柴油净化和添加的相关图片或视频资料，学生进一步讨论并回答以下问题：

1. 柴油的净化的主要措施是什么？

2. 柴油的滤清净化的含义是什么？

3. 柴油的添加方法有哪些？

【任务评价】

针对项目实施中的一、二部分，在实施过程中，针对不同的内容，进行小组间评价，指导教师对每组讨论的结果进行更正指导，最后概括总评，给出正确答案。任务评价表见附录。

【任务巩固】

1. 通过多年的实践，柴油的机外净化广泛采用：__________，__________，__________，__________，容积计量，__________的净化系统。其__________是净化柴油的主要措施。

2. 柴油的滤清净化的含义是什么？

3. 柴油的添加方法有哪些？

任务3　油料的安全管理

【任务目标】

1. 掌握燃油的危险性和安全措施；

2. 了解油料安全管理的消防常识。

【任务准备】

一、资料准备

与本任务相关的教学资料；相关油料安全管理的图片或影像资料；任务评价表。

二、知识准备

(一)燃油的危险性

燃油，特别是汽油，是易燃、易爆炸，易生静电和有毒的危险品。

1. 易燃性

柴油的自燃点为335℃，而汽油的自燃点达510℃，柴油比汽油容易自燃，但是由于汽油蒸发性强，闪点低，在贮运、输转时，极易产生大量汽油蒸汽，与周围空气混合，即使遇到微小的火星也能被自燃。汽油与柴油的热值很高，一旦发生火灾，高温会使油料大量汽化，火势迅速扩大，难以扑灭。

2. 易爆炸性

汽油的易爆炸性与其蒸发性有关，汽油的易爆炸性可分化学性爆炸和物理性爆炸。化学性爆炸指空气中混有一定数量的汽油遇火后发生的爆炸。当液体汽油的体积膨胀或汽油蒸气的压力增大，超过贮油容器的强度时，即发生物理性爆炸。

3. 静电放电

汽油是导电率很低的绝缘物质，在特定的条件下会产生静电和积聚静电。当静电积聚在输油、运油、贮油设备和工具的某个部位时，就会由于突然击穿介质而发出火花。这种“跳火”现象，叫作静电放电。如果在发生静电放电部位的周围有处于爆炸范围以内或超过其上限的油蒸气与空气的混合气时，就会引起爆炸或静电火灾。

4. 有毒性

汽油中含有不少芳香烃和不饱和烃，这两类烃对人体均有毒害。汽油的蒸发性很强，如果在库房或收发作业场所的气体空间积聚大量汽油蒸汽，工作人员就可能由于吸入较多的蒸汽而感到头晕、头痛或神经痛；如果经常吸入油蒸汽，时间长久后就可能发生慢性中毒。含铅汽油除上述无铅汽油的毒性外，还会由于铅能通过皮肤、食道和呼吸道进入人体，使人产生铅中毒。

(二)油料的安全措施

1. 防火和防爆措施

(1)油库内要严格控制可燃物。杜绝油料渗漏与泼洒，对洒漏在地面的油料必须处理干净，库区内应将树叶、干草、油棉纱、油手套和油纸等易燃物彻底清除。

(2)油库周围严禁烟火，油库内应杜绝火源。油库内不准吸烟，禁止使用明灯或油灯照明，不允许在库内设煤火炉或电炉取暖。

(3)油库中所有电器设备的安装要符合安全要求，电机、开关等应用防爆型。

(4)严格按容器安全容量灌装和贮运。根据不同季节，留出5%～7%的气体空间。

(5)修焊油管或油桶时，必须先进行洗刷。焊补之前还应把桶盖打开，以免发生爆炸，打开油罐盖时，不得用铁器敲击。

2. 减少静电产生和防止静电积聚的措施

(1)减少静电产生。在进行汽油收发作业时，一般控制油的流速在 3 m/s 以下，特别是在油的温度较高和空气相对湿度很小的情况下，更应该降低油流速度。在向各种容器灌装汽油时，应将输油管插至接近容器底部，以减小油流的冲击力和避免旋转搅动。在开始灌装和灌装到容器 3/4 以后的两段时间内，要适当降低油流速度。

(2)防止静电积聚。将贮运罐、输油管、油泵等贮油和输油设备用引下线和接地极与大地连通是防止静电积聚的最有效的方法，同时也可以起到防雷电的作用。油库内应该有避雷装置。

3. 防止中毒的措施

(1)油料库房要保持良好的通风。

(2)进入油管内操作,必须事先打开罐盖通风,并穿戴防毒用具,佩好保险带和信号绳。

(3)不用嘴吸油料,严禁用含铅汽油洗手和洗机械零件,使用油料后,必须洗手和换衣服后,才允许饮食。

(4)长期从事油料作业的人员,应该定期到医院做健康检查,一旦发现有病变,要及时进行治疗。

【任务实施】

一、学生分组,4～5 人一组,就课前准备的油料的安全管理的知识点进行讨论。

1. 首先根据课前收集的相关资料,小组内对油料的安全管理简要讨论,得出小组内讨论结果。

2. 小组内讨论完毕,每组选出一名代表汇报讨论结果,再进行组间讨论,对于燃油的危险性、油料的安全措施等内容得出讨论结果,然后由任课教师进行相关指导。

二、教师展示油料的安全管理的相关图片或视频资料,学生进一步讨论并回答以下问题:

1. 燃油的危险性包括哪些?

2. 油料的安全措施是什么?

【任务评价】

针对项目实施中的一、二部分,在实施过程中,针对不同的内容,进行小组间评价,指导教师对每组讨论的结果进行更正指导,最后概括总评,给出正确答案。任务评价表见附录。

【任务巩固】

1. 燃油的危险性包括__________、__________、__________和__________。

2. 简述油料的安全措施。

任务 4　农机节油管理

【任务目标】

1. 掌握燃油的危险性、安全措施和节油管理;

2. 了解节约用油的技术措施和燃油的回收利用。

【任务准备】

一、资料准备

与本任务相关的教学资料;相关农机节油管理的图片或影像资料;任务评价表。

二、知识准备

农业机械化生产需要周密的组织工作，无论集体经营或个人经营的拖拉机，作业前都要做好准备工作。准备做得好，能够有效地减少拖拉机空行和发动机空转，提高时间利用率，降低油料消耗。准备工作应做到：

(一)做好作业前的准备

(1)制订小段作业计划，一般10 d为一小段，根据服务对象、作业项目和地块确定行车路线，避免往返调动车，尽量做到班次保养、加油、换班"三到田"。

(2)全面检查机具技术状态，按农业技术和机务技术要求进行安装、调整，并实地操作试验，将隐患排除在作业之前。

(3)查看地块和道路，视土质、墒情和地温等具体情况，确定作业时间和方法，搞好土地耕作规划，合理划区，减少地头转弯。清除田间障碍，整修道路。

(二)合理运用农机具

(1)在可能的条件下并联多台农具作业，增加农具的工作幅宽，采用复式作业。

(2)尽量减少拖拉机进地次数，抓住墒情作业，保证作业质量。

(3)拖拉机的起动、驾驶、停车、熄火，以及驾驶中的转向、变速、制动、供油等各项操作，都与油耗有直接关系。保持起动装置完好，长时间停车，应及时熄火。选择合适挡位、油门及行驶速度，轻负荷时应用高挡小油门。保持发动机在正常水温、油温下作业，也能够节油。机油温度过高，使机油老化变质，缩短使用期。改变在行车中熄火前猛轰油门的坏习惯，在地头转弯时须收油门。

(4)实践证明，机车负荷在85%左右最省油经济。

(三)保持农机具技术状态完好

发动机气缸压缩力不足，喷油嘴喷雾不良，供油提前角不对，空气滤清器堵塞以及润滑不良，都可导致耗油增加。拖拉机传动装置的离合器、变速箱、中央传动及减速器中的齿轮、轴承配合不好，润滑不良，传动效率降低，发动机的功率大量地损失在传动之中，油耗增加。行走装置的技术状态不好，对油耗影响也很大。农具状态好对油耗也有影响。降低油耗，须保证农具的牵引线调整正确，工作部件表面光滑，铲刃要锐利。保证机具传动部件有效可靠，转动灵活，润滑良好，并及时消除堵塞。东方红802拖拉机的回油管，过去装过接线盒，每班次能节油1 kg，多者达2 kg，每年能节油200多kg。

(四)按规定保养农机具

(1)保养好空气滤清器、柴油滤清器、机油滤清器。

(2)按期更换润滑油。换油过晚润滑油变质，增加零件磨损；换油过早造成油料浪费。

(3)按规定的油位加油。油底壳油位过高，机油窜到燃烧室会造成烧机油。其他部位油位过多能加速油封的损坏，造成渗漏。曲轴箱通气孔畅通可保持曲轴箱成负压，防止渗漏油。

(4)合理使用清洗油。根据零件的脏污程度,分先后次序清洗。比如,先洗柴油滤芯,再洗空气滤清器滤网,最后洗机油滤芯。在修理时,零件集中清洗,能够节省清洗油。推广采用金属清洗剂代替汽油、煤油、柴油清洗机器零件,不仅能节约油料,而且去垢力强,使用方便。

(五)机具改装措施

1. 柴油预温

发动机燃烧系统经过技术改装后,使柴油在进入燃油泵之前,通过排气管加温,加温后提高柴油温度,改善了雾化状况,使柴油充分燃烧,既能节油又提高了发动机功率。改装后的拖拉机可节油5%左右。一台东方红802拖拉机一年能节油500 kg以上。具体方法:一是单层管预温。在柴油机排气支管的两端各钻11 mm的孔,使预温管从排气支管中通过,油管两端各焊有油管接头螺钉,一端与柴油机细滤器的出油管接通。采用单层管预温,一般可使油温提高到56～75℃,耗油量降低5%～6%。二是双层管预温。柴油机排气管的两端各钻直径17 mm的孔,穿进一根长度为500 mm的铁管,铁管与排气支管焊接牢固,再将预温管穿进铁管。油管的两端焊有油管接头螺钉,一端接通燃油细滤器的出油管,另一端接通燃油泵的进油管。采用双层管预温,一般可使柴油温度提高到65℃,耗油量可降低6%～10%。柴油预温的最佳温度是65～75℃,温度低节油效果差,温度过高会加剧磨损。

2. 改装机油滤芯

有不少拖拉机将金属丝机油滤芯,改装成锯末纸浆滤芯、棉线滤芯、卫生纸滤芯,改善了过滤性能,延长了机油的使用时间。但改装的滤芯机油的通过阻力不应大于0.5 kg/cm^2。

3. 加装泡沫塑料空气滤芯

空气滤清器的两层滤网中,增加一层透气性能良好的8～20 mm厚的泡沫塑料,提高滤清效果,保证油料正常燃烧,降低油耗。

4. 安装节油减烟器

节油减烟器结构简单,安装容易,保养方便。如果1台大中型拖拉机年耗柴油5 000 kg,安装节油减烟器后,按节油5%计算,1年可节油250 kg,最高节油为15.6%,最低为1.4%。

5. 安装惯性增压器

在柴油机上安装使用惯性增压器一般可提高功率15%,油耗下降3%～5%。安装时进气管内壁应清洁光滑,管子各接头加垫密封,在管子上加支撑,以保持稳定性。

(六)搞好油料净化

搞好油料净化应做到:封闭、过滤、沉淀、清洗、放油和缓冲卸油、浮子取油、计量加油的方法。有条件的油点和较具规模的机耕队、农机专业户应根据各自条件建立燃油净化装置,使油料净化达到合格要求。如果使用前未经沉淀过滤,油中的杂质就会对柱塞和针阀偶件带来危害,使机车功率下降,油耗增加。所以,一般油料应沉淀48 h以上再使用。

【任务实施】

一、学生分组,4～5人一组,就课前准备的农机节油管理的知识点进行讨论。

1. 首先根据课前收集的相关资料，小组内对农机节油管理简要讨论，得出小组内讨论结果。

2. 小组内讨论完毕，每组选出一名代表汇报讨论结果，再进行组间讨论，对于农机节油管理等内容得出讨论结果，然后由任课教师进行相关指导。

二、教师展示农机节油管理的相关图片或视频资料，学生进一步讨论并回答以下问题：

1. 农机节油主要措施有哪些？

2. 农机具如何改装能节油？

3. 如何搞好油料净化？

【任务评价】

针对项目实施中的一、二部分，在实施过程中，针对不同的内容，进行小组间评价，指导教师对每组讨论的结果进行更正指导，最后概括总评，给出正确答案。任务评价表见附录。

【任务巩固】

1. 农机节油主要措施有哪些？

2. 农机具如何改装能节油？

3. 如何搞好油料净化？

模块七　农机购置补贴和维修管理

项目 1　认知农机购置补贴

项目 2　农机维修管理

项目 3　农机产品三包服务和质量投诉

项目 1

认知农机购置补贴

【项目描述】

农机购置补贴政策是一项“农民得实惠、企业得效益、产业得发展、政府得民心”的好政策，它的实施，不仅激发了农民购机种粮的积极性，而且促进了农业增效、粮食增产，农民增收，起到了显著的政策效应。但是，农机购置补贴工作中存在一些问题，例如农民购机需求量不断高涨，但由于补贴资金指标不足，难以满足农民的购买需求；农民对补贴机具的价格偏高反映强烈，有些机具的市场价格与补贴后相差不大；有些补贴机具的质量不可靠，售后服务工作不及时，耽误农时。

此项作业的目的就是通过农机购置补贴介绍，认知农机补贴政策、农机购置补贴操作方法，进而解决实际生产问题。

本项目分为认知农机补贴政策、农机补贴的操作共 2 个工作任务。

通过本项目的训练，认知农机补贴政策和农机补贴的操作等工作内容；熟悉《农业机械购置补贴专项资金使用管理暂行办法》，掌握农机补贴的操作流程；培养学生认真严谨、踏踏实实的工作态度以及同学间沟通协作能力。

任务 1 认知农机购置补贴政策

【任务目标】

1. 了解农机购置补贴的意义和目的以及农机购置补贴的政策有哪些；
2. 掌握农机购置补贴的有关规定及主要管理制度。

【任务准备】

一、资料准备

农机购置补贴发展历史图片、农机购置补贴的意义和目的以及农机购置补贴的政策视频以及任务评价表等与相关的教学资料。

二、知识准备

(一)农机购置补贴的意义和目的

农机购置补贴是农业机械购置补贴资金的简称。农业机械购置补贴资金是指中央财政和地方财政为农民和农业生产经营组织购买国家支持推广的先进适用的农业机械给予的补贴，目的是促进提高农业机械化水平和农业生产效率。农机购置补贴，是党中央、国务院为加强农业和粮食生产采取的重大措施，对调动农民种粮积极性、保护和提高粮食生产能力意义重大。

从 1998 年开始，中央财政开始设立专项资金，用于农业机械购置补贴。财政部每年对农业部的预算批复都有对农民和农业生产经营组织购买和更新农机具的补贴。《国务院办公厅转发国家经贸委等部门关于进一步扶持农业机械工业发展若干意见的通知》规定，各商业银行要严格按照国家产业政策要求，对农民购买属于促进农业结构调整和资源保护、推广农业新技术、节本增效的新型农机产品，提供信贷支持。同时对农民购买上述农机产品，给予适当补助。《中共中央国务院关于促进农民增加收入若干政策的意见》指出，对农民个人、农场职工、农机专业户和直接从事农业生产的农机服务组织购置和更新大型农机具给予一定补贴。与此同时，近些年地方财政也对农民和农业生产经营组织实施购机补贴。

农业机械购置补贴是一项农业机械化技术支持措施，其实施效益突出，作用明显，有利于促进农业机械化的发展，有利于提高我国农业机械化综合水平，有利于提高农业生产能力，有利于提高粮食产量。农业机械购置补贴对提高农业机械化水平，对促进农村剩余劳动力转移，提高农业机械化技术进步，增强农业综合生产能力、发展现代农业，繁荣农村经济，提高农民收入，及时稳定农业生产，推进农业发展和推动农村社会进步有重大的意义。

农机购置补贴政策是中央"两减免、三补贴"重要支农惠农政策之一。实施农机购置补贴的现实意义主要体现在三个方面：第一，在社会主义市场经济条件下，农民已成为农业机械投资的主体。现阶段农民对农业机械需求迫切，但有效购买力不足。对农民购置农业机械给予补贴，可以减少农民购机的一次性投入，从政策上直接给予农民实惠，让有机户有钱挣，让无机户有机用，共同利用农机脱贫致富，让农民充分享受现代农业工具带来的文明成果。第二，农民对新型农业机械的接受需要有一个认识过程，需要政府投入一定补贴资金加以引导、示范和推广，扶持和鼓励农民使用新型先进适用的农业机械。第三，购机补贴可以有效地培育农业生产服务主体，有力地推动农机大户和农机作业服务组织的发展，不断地完善和创新农机化发展机制，增加农业生产科技含量，增强农业综合生产能力，促进农村劳动力转移，发展农村经济，加快农业机械化发展，推进农业现代化和社会主义新农村建设进程。

(二)农业机械购置补贴专项资金使用管理暂行办法

为鼓励和支持农民使用先进适用的农业机械，加快推进农业机械化进程，提高农业综合生产能力，促进农业增产增效、农民节本增收，中央财政设立农业机械购置补贴专项资金。为加强补贴资金管理，提高资金使用效益，根据财政农业专项资金管理有关办法，制定本暂行办法。

农机补贴专项由财政部和农业部共同组织实施，指导地方各级财政部门和农机管理部门组织落实。各级农机和财政部门应根据职责分工，加强协调，密切配合。财政部门的主要职责是落实补贴资金预算，及时拨付补贴资金，对资金的分配使用进行监督检查等。农机管理部门的主要职责是具体负责补贴专项的组织实施和管理，包括编制实施方案、制定补贴机具目录和组织开展购机申请、审核、登记、公示等。

1. 补贴资金的使用原则

应遵循公开、公正、农民直接受益的原则。

公开，指补贴政策、办法公开，补贴资金操作过程透明。通过公示、公布等多种形式使农民充分了解补贴政策等信息。

公正，指资金分配、补贴机具目录、补贴对象确定等全过程公正。按照事先公布的优先补贴条件，公正确定享受补贴的农民名单，并在县或乡镇范围内公示，接受监督。

农民直接受益，指保证补贴资金全部补贴到农民，做到资金到位，机具到位，服务到位，使补贴的农业机械切实在农业生产中发挥作用，确保农民受益。

2. 补贴的对象、标准和种类

(1)补贴对象是符合补贴条件的农民(农场职工)和直接从事农业生产的农机服务组织。

(2)中央财政资金的补贴标准:按不超过机具价格的30%进行补贴。

(3)补贴的农业机械应符合国家农业产业政策、农业可持续发展和环境保护的要求,且经农机鉴定机构检测合格。重点补贴:

①大中型拖拉机等农用动力机械;

②农田作业机具,主要包括:耕整、种植、植保、收获和秸秆还田等机具;

③粮食及农副产品的产后处理机械;

④秸秆、饲草加工处理及养殖机械。

3. 补贴资金的申报与下达

(1)根据中央财政年度预算安排、国家农业和农业机械化发展规划、阶段性工作重点及各地的需求状况,农业部、财政部制定并下达年度《农业机械购置补贴专项实施方案》,确定国家年度补贴机具种类、实施范围、补贴资金额度、工作进度及要求等。

(2)各省、自治区、直辖市、计划单列市和新疆生产建设兵团(以下简称省、区、市)根据《农业机械购置补贴专项实施方案》,组织编制本辖区的年度《农业机械购置补贴资金使用方案》,确定实施县名单、资金配置、补贴机具种类、工作进度安排等,由省级财政部门、农机主管部门联合上报财政部、农业部。

(3)农业部、财政部对《农业机械购置补贴资金使用方案》进行审核和批复。财政部将中央财政补贴资金直接拨付到省级财政部门。各省、区、市按照农业部、财政部的批复要求和本办法规定组织实施。

4. 补贴资金的发放程序

(1)年度补贴机具须根据《农业机械购置补贴专项实施方案》,采取竞争择优筛选的方式确定,形成年度补贴机具目录。各省、区、市年度补贴机具目录需报农业部备案。

(2)各省、区、市的年度补贴专项实施范围、补贴机具目录、申请程序和相关要求等,应通过媒体及乡村公告等形式,及时向农民公布。

(3)实施区内的农民购买补贴机具时,须通过乡镇农机管理机构向县级农机主管部门提出申请,并填写购机申请表(格式见附1)(略)。

县级农机主管部门根据《农业机械购置补贴资金使用方案》和优先补贴条件进行审查,确定购机者名单和数量,经张榜公示后,与购机者签订购机补贴协议(格式见附2)(略),并报省级农机主管部门和同级财政部门备案(汇总表格式见附3)(略)。

(4)省级农机主管部门根据汇总结果,统一与供货方协商确定供货事宜,并报省级财政部门备案。

(5)购机者购机时应向供货方提交购机补贴协议,并按扣除补贴金额后的机具差价款交款提货,供货方出具购机发票。县级农机主管部门应根据购机者的需求,提供相应的组织协调服务工作。县级农机主管部门应对本辖区购机情况进行核实,并将核实结果报省级农机主管部门。

(6)供货方凭补贴协议和发票存根定期向省级农机主管部门提出结算申请。

省级农机主管部门核实无误后,出具结算确认清单,并向省级财政部门提出结算申请。省级财政部门在接到申请后10个工作日内,予以审核并与供货方结算补贴资金。

5. 管理与监督

(1)地方各级财政部门要积极支持和参与补贴资金落实和监督工作,增加资金投入,并保证必要的组织管理经费。

(2)补贴资金必须专款专用,不得挤占、截留、挪用。各级农机主管部门应建立和落实工作责任制,加强对资金使用情况的管理和检查,自觉接受财政、审计部门的监督。

(3)县级农机主管部门应对已购补贴机具及时进行登记、编号,建立购机补贴档案,并负责在机具显著位置做出国家补贴机具和编号的统一标记。档案内容包括:购机者姓名、身份证号码、地址、联系方式、机具型号、购置数量、补贴金额及机具编号等。

省级以上农机主管部门应分别建立购机补贴档案库,实行计算机管理。

(4)各级农机主管部门和财政部门应对购机补贴情况进行跟踪检查,督促供货方搞好售后服务,为购机者提供技术、信息等服务,切实让农民得到实惠。

(5)享受补贴购买的农机具,原则上两年内不得转卖或转让。

(6)省级农机主管部门会同财政部门在当年 11 月底前将补贴资金使用情况及购机补贴电子档案资料报农业部和财政部。

【任务实施】

一、学生分组,4～5 人一组,就课前准备的农机购置补贴政策相关知识点进行讨论。

1. 首先根据课前收集的相关资料,小组内对农机购置补贴意义、目的和农机补贴政策的认知进行简要讨论,得出小组内讨论结果。

2. 小组内讨论完毕,每组选出一名代表汇报讨论结果,再进行组间讨论,对于农机购置补贴的发展、意义,农业机械购置补贴的对象、标准以及资金的申报等问题得出讨论结果,然后由任课教师进行相关指导,正确了解农机购置补贴的政策。

二、教师展示相关农机购置补贴意义和目的图片和视频,以及《农业机械购置补贴专项资金使用管理暂行办法》资料,结合课前收集的相关资料,讨论回答下列问题:

1. 农机购置补贴的现实意义主要体现在几个方面?

2. 农业机械购置补贴的对象、标准和种类有哪些?

3. 农业机械购置补贴资金如何申报?

4. 农业机械购置补贴资金的发放程序是什么?

【任务评价】

针对项目实施部分,在实施过程中,针对不同的内容,进行小组间评价,指导教师对每组讨论的结果进行指导,最后概括总评,得出正确答案。任务评价表见附录。

【任务巩固】

1. 简述农机购置补贴发展历史。

2. 中央财政为什么要划拨大量专项资金补贴农民购买农机具?

3. 中央财政资金补贴机具种类范围有哪些?

4. 补贴资金的发放程序是什么?

任务2 农机购置补贴实施

【任务目标】

1. 了解农机补贴流程；
2. 掌握农机补贴申请要件。

【任务准备】

一、资料准备

农机购置补贴操作及申请要件的图片、视频以及任务评价表等与相关的教学资料。

二、知识准备

农民用户在提交《农机购置补贴申请表格》之前要先到本县农机局或者本省农业机械化信息网站了解补贴目录及相关补贴政策。根据本省申请条件，确定自己需要购买的农机具型号，到当地农机管理部门申请农机购置补贴。

（一）填写申请表格

用户需本人亲自到当地县（乡）级农机管理部门申请，填写申请表格。同时需要提交的资料包括：本人有效身份证及复印件；承包者本人有效身份证及复印件、承包证明；农机专业服务组织提供工商登记证书及公章。注：因各地差异，具体需要提供哪些资料请咨询当地农机管理部门。

（二）审查并公示

农机管理部门受理申请后经过县级审核、市级评审和审批，市、县公示7 d无异议后由县级农机主管部门签字盖章后把表格直接还给申请者本人。注：取表时注意查看一下表格是否填写完整，是否盖章。

（三）购买机器

用户在申请表的有效期内凭申请表和本人身份证到经销点购买农机具，付给经销商扣除补贴金额后的款项。拿到机具后要在申请表上签字，自己留一份，其余给经销商，并索取补贴机具的销售发票。

（四）登记入户、核发牌证

县农机管理部门要对用户提交的材料、补贴机具品种牌型和价格等进行核实。经核实无误的，按照相关规定对补贴机具进行编号和在机具显著位置喷涂标志，用户要积极配合完成，并登记入户，领取牌证。

（五）补贴金额结算

补贴结束后，经销商跟农机局核对数据无误后向省财政厅提交结算申请，一经批准即可到省财政厅领取补贴款。

【任务实施】

一、学生分组，4～5人一组，就课前准备的农机补贴操作相关知识点进行讨论。

1. 首先根据课前收集的相关资料，小组内对农机补贴操作流程的认知进行简要讨论，得出小组内讨论结果。

2. 小组内讨论完毕，每组选出一名代表汇报讨论结果，再进行组间讨论，对于农机补贴具体操作流程和申请要件得出讨论结果，然后由任课教师进行相关指导，掌握农机补贴正确操作。

二、教师展示相关农机补贴操作的图片和视频，结合课前收集的相关资料，讨论回答下列问题：

1. 如何正确填写《农机购置补贴申请表》？

2. 申请农机补贴需要提交的要件有哪些？

【任务评价】

针对项目实施中的一、二部分，在实施过程中，针对不同的内容，进行小组间评价，指导教师对每组讨论的结果进行指导，最后概括总评，得出正确答案。任务评价表见附录。

【任务巩固】

1. 用户本人到当地县（乡）级农机管理部门申请农机补贴，在填写申请表格的同时需要携带哪些证件？

2. 用户在申请表的有效期内凭申请表和本人身份证到经销点购买农机具，付给经销商的是全额款项还是扣除补贴金额后的款项？

项目 2

农机维修管理

【项目描述】

当农业机械出现故障后，要到正规农机维修部门，请专业农业机械维修者进行维修，才能快速有效地解决问题。

此项作业的目的就是通过农机维修管理介绍，认知农机维修管理的维修资格、质量管理和监督检查方法，进而解决实际生产问题。

本项目分为认知农机维修开业资格、农机维修监督管理共2个工作任务。

通过本项目的训练，认知农机维修开业资格和农机维修监督管理等工作内容；熟悉农机维修管理规定的维修资格基本要求和质量管理和监督检查方法；掌握申领《农业机械维修技术合格证》操作程序；培养学生认真严谨踏踏实实的工作态度以及同学间沟通协作能力。

任务1　农机维修开业资格

【任务目标】

1. 了解农机维修管理规定的维修资格基本要求；

2. 掌握申领《农业机械维修技术合格证》程序。

【任务准备】

一、资料准备

农机维修管理规定的维修资格相关图片、申领《农业机械维修技术合格证》视频以及任务评价表等与相关的教学资料。

二、知识准备

(一)农机维修管理规定的维修资格基本要求

农业机械维修者，应当具备符合有关农业行业标准规定的设备、设施、人员、质量管理、安全生产及环境保护等条件，取得相应类别和等级的《农业机械维修技术合格证》，并持《农业机械维修技术合格证》到工商行政管理部门办理工商注册登记手续后，方可从事农业机械维修业务。

(二)农业机械维修业务实行分类、分级管理

农业机械维修业务根据维修项目，分为综合维修和专项维修两类。综合维修根据技术条件和服务能力，分为一、二、三级。

(1)取得一级农业机械综合维修业务资格的，可以从事整机维修竣工检验工作，以及二级农业机械综合维修业务的所有项目。

(2)取得二级农业机械综合维修业务资格的，可以从事各种农业机械的整车修理和总成、零部件修理，以及三级农业机械综合维修业务的所有项目。

(3)取得三级农业机械综合维修业务资格的,可以从事常用农业机械的局部性换件修理、一般性故障排除以及整机维护。

(4)取得农业机械专项维修业务资格的,可以从事农业机械电器修理、喷油泵和喷油器修理、曲轴磨修、气缸镗磨、散热器修理、轮胎修补、电气焊、钣金修理和喷漆等专项维修。

(三)申领《农业机械维修技术合格证》程序

1.申领《农业机械维修技术合格证》,应当向县级人民政府农业机械化主管部门提出,并提交以下材料:

(1)农业机械维修业务申请表;

(2)申请人身份证明、企业名称预先核准通知书或者营业执照;

(3)相应的维修场所和场地使用证明;

(4)主要维修设备和检测仪器清单;

(5)主要从业人员的职业资格证明。

县级人民政府农业机械化主管部门应当自受理申请之日起20个工作日内做出是否发放《农业机械维修技术合格证》的决定。不予发放的,应当书面告知申请人并说明理由。

2.《农业机械维修技术合格证》有效期为3年。有效期届满需要继续从事农业机械维修的,应当在有效期届满前30日内按原申请程序重新办理申请手续。

《农业机械维修技术合格证》式样由农业部规定,省、自治区、直辖市人民政府农业机械化主管部门统一印制并编号,县级人民政府农业机械化主管部门按规定发放和管理。

3.农业机械维修者应当将《农业机械维修技术合格证》悬挂在经营场所的醒目位置,并公开维修工时定额和收费标准。

4.农业机械维修者应当在核准的维修类别和等级范围内从事维修业务,不得超越范围承揽无技术能力保障的维修项目。

5.农业机械维修者和维修配件销售者应当向农业机械消费者如实说明维修配件的真实质量状况,农业机械维修者使用可再利用旧配件进行维修时,应当征得送修者同意,并保证农业机械安全性能符合国家安全标准。

【任务实施】

一、学生分组,4～5人一组,就课前准备的农机维修开业资格相关知识点进行讨论。

1.首先根据课前收集的相关资料,小组内对农机维修开业资格的认知进行简要讨论,得出小组内讨论结果。

2.小组内讨论完毕,每组选出一名代表汇报讨论结果,再进行组间讨论,对于农机维修管理规定的维修资格基本要求和农业机械维修业务分级管理得出讨论结果,然后由任课教师进行相关指导。

二、教师展示相关农机维修开业资格的图片和视频,结合课前收集的相关资料,讨论回答下列问题:

1.农机维修管理规定的维修资格基本要求是什么?

2.农业机械维修根据技术条件和服务能力,分为几级?分别是什么?

3.申领《农业机械维修技术合格证》,需提交哪些材料?

【任务评价】

针对项目实施中的一、二部分，在实施过程中，针对不同的内容，进行小组间评价，指导教师对每组讨论的结果进行指导，最后概括总评，得出正确答案。任务评价表见附录。

【任务拓展】

禁止农业机械维修者和维修配件销售者从事下列活动：

(1)销售不符合国家技术规范强制性要求的农业机械维修配件；

(2)使用不符合国家技术规范强制性要求的维修配件维修农业机械；

(3)以次充好、以旧充新，或者作引人误解的虚假宣传；

(4)利用维修零配件和报废机具的部件拼装农业机械整机；

(5)承揽已报废农业机械维修业务。

【任务巩固】

1.申领《农业机械维修技术合格证》，应当向县级人民政府农业机械化主管部门提交哪些材料？

2.农业机械维修业务综合维修根据技术条件和服务能力，分为几级？其内容分别是什么？

3.县级人民政府农业机械化主管部门应当自受理申请之日起多少个工作日内做出是否发放《农业机械维修技术合格证》的决定？

4.《农业机械维修技术合格证》有效期为多少年？

任务 2　农机维修监督管理

【任务目标】

1. 了解农业机械化主管部门、工商行政管理部门的监督职责。

2. 掌握农机维修管理规定的质量管理要求。

【任务准备】

一、资料准备

农机维修监督管理相关图片和视频、任务评价表等与相关的教学资料。

二、知识准备

(一)农机维修监督检查

(1)农业机械化主管部门、工商行政管理部门应当按照各自职责，密切配合，加强对农业机械维修者的从业资格、维修人员资格、维修质量、维修设备和检测仪器技术状态以及安全生产情况的监督检查。

(2)农业机械化主管部门应当建立健全农业机械维修监督检查制度,加强农机执法人员培训,完善相应技术检测手段,确保行政执法公开、公平、公正。

(3)农业机械化主管部门、工商行政管理部门执法人员实施农业机械维修监督检查,应当出示行政执法证件,否则受检查者有权拒绝检查。

(4)农业机械维修者和维修配件销售者应当配合农业机械化主管部门、工商行政管理部门依法开展监督检查,如实反映情况,提供有关资料。

(二)农机维修质量管理

(1)维修农业机械,应当执行国家有关技术标准、规范或者与用户签订的维修协议,保证维修质量。

(2)农业机械维修实行质量保证期制度。在质量保证期内,农业机械因维修质量不合格的,维修者应当免费重新修理。整机修理质量保证期为 3 个月。

(3)农业机械维修配件销售者对其销售的维修配件质量负责。农业机械维修配件应当用中文标明产品名称、生产厂厂名和厂址,有质量检验合格证。在质量保证期内的维修配件,应当按照有关规定包修、包换、包退。

(4)农业机械维修当事人因维修质量发生争议,可以向农业机械化主管部门投诉,或者向工商行政管理部门投诉,农业机械化主管部门和工商行政管理部门应当受理,调解质量纠纷。调解不成的,应当告知当事人向人民法院提起诉讼或者向仲裁机构申请仲裁。

(5)农业机械维修者应当使用符合标准的量具、仪表、仪器等检测器具和其他维修设备,对农业机械的维修应当填写维修记录,并于每年 1 月份向农业机械化主管部门报送上一年度维修情况统计表。

(三)农机维修管理罚则

(1)未取得《农业机械维修技术合格证》从事维修业务的,由农业机械化主管部门责令限期改正;逾期拒不改正的,或者使用伪造、变造的《农业机械维修技术合格证》的,处 1 000 元以下罚款,并于 5 日内通知工商行政管理部门依法处理。

(2)不能保持设备、设施、人员、质量管理、安全生产和环境保护等技术条件符合要求的,由农业机械化主管部门给予警告,限期整改;逾期达不到规定要求的,由县级人民政府农业机械化主管部门收回、注销其《农业机械维修技术合格证》。

(3)超越范围承揽无技术能力保障的维修项目的,由农业机械化主管部门处 200 元以上 500 元以下罚款。

(4)有下列行为之一的,由农业机械化主管部门给予警告,限期改正;逾期拒不改正的,处 100 元以下罚款:

①农业机械维修者未在经营场所的醒目位置悬挂统一的《农业机械维修技术合格证》的;

②农业机械维修者未按规定填写维修记录和报送年度维修情况统计表的。

(5)农业机械化主管部门工作人员玩忽职守、滥用职权、徇私舞弊的,由其所在单位或者上级主管机关依法给予行政处分。

【任务实施】

一、学生分组，4～5人一组，就课前准备的农机维修监督管理相关知识点进行讨论。

1. 首先根据课前收集的相关资料，小组内对农机维修监督检查、质量管理的认知进行简要讨论，得出小组内讨论结果。

2. 小组内讨论完毕，每组选出一名代表汇报讨论结果，再进行组间讨论，对于农机维修监督检查、质量管理及罚则得出讨论结果，然后由任课教师进行相关指导，使其掌握农机维修监督管理内容。

二、教师展示农机维修管理规定的质量管理相关图片和视频，结合课前收集的相关资料，讨论回答下列问题：

1. 农业机械化主管部门如何建立健全农业机械维修监督检查制度？

2. 农业机械维修者和维修配件销售者是如何配合执法部门开展监督检查工作的？

3. 农业机械维修实行质量保证期制度规定是什么？

4. 农业机械维修当事人因维修质量发生争议时如何处理？

5.《农业机械维修技术合格证》被农业机械化主管部门注销后，被注销者该如何处理？

【任务评价】

针对项目实施中的一、二部分，在实施过程中，针对不同的内容，进行小组间评价，指导教师对每组讨论的结果进行指导，最后概括总评，得出正确答案。任务评价表见附录。

【任务拓展】

农业机械维修实行质量保证期制度。在质量保证期内，农业机械因维修质量不合格的，维修者应当免费重新修理。整机或总成修理质量保证期为3个月。关于整车或总成修理质量保证期的确定问题：对陕西、山东、宁夏、辽宁等省（区）的8个地市县的农机管理部门、30个农机维修点以及部分农机维修送修户进行了调查，70%左右农机维修点规定农业机械整机和总成修理的质量保证期不少于3个月，30%的维修点规定为6个月，机手普遍对3个月的保证期表示认可。专家组进行了认真讨论认为，根据农业机械的使用情况，确定为3个月比较适宜。其他的维修项目由于差别较大，不好规定统一的质量保证期，可以由维修点根据维修配件质量保证期等有关规定设定。

【任务巩固】

1. 农业机械化主管部门及工商行政管理部门应当对农业机械维修者的哪些方面进行监督检查？

2. 整机修理质量保证期为几个月？

3. 对农业机械维修配件有什么要求？

4. 农业机械维修当事人因维修质量发生争议，可以先向哪些部门投诉？调解不成，应该采取哪些措施维护自身权益？

5. 相关行政部门应如何处理不能保持设备、设施、人员、质量管理、安全生产和环境保护等技术条件的？

6. 相关行政部门如何处理未取得《农业机械维修技术合格证》从事维修业务的？

项目 3

农机产品三包服务和质量投诉

【项目描述】

随着农机消费维权宣传活动的不断深入，农民维权意识不断增强，许多农民不仅了解了自身应该享有的权利，也会运用法律手段来维护自己的合法权益。在受理的农机质量投诉案件中，多数是因农机零件质量问题引起的投诉，但也遇到过几个特殊案例。例如，购机选型错误，农民高某购买的350型拖拉机，在提升机具转弯时拖拉机翘头，前轮离开地面，挂机具在公路上行驶时拖拉机翘头失去方向。因此高某找经销商解决问题，经销商认为拖拉机没有问题，让高某在拖拉机前加沙袋增加头部重量，高某则认为是拖拉机产品质量问题，投诉要求退货。

此项作业的目的就是通过农机三包服务和质量投诉介绍，认知农机产品“三包”规定、农机质量投诉办法，进而解决实际生产问题。

本项目分为认知农机产品“三包”规定、农机质量投诉共2个工作任务。

通过本项目的训练，认知农机三包服务和质量投诉等工作内容；熟悉农机产品“三包”规定；掌握农机质量投诉受理具体要求和投诉处理的具体办法；培养学生认真严谨踏踏实实的工作态度以及同学间沟通协作能力。

任务1　认知农机产品“三包”规定

【任务目标】

1. 了解“三包”规定中销售者职责及农机用户权益；

2. 掌握农机“三包”具体要求。

【任务准备】

一、资料准备

农机产品“三包”规定的相关图片和视频、任务评价表等与相关的教学资料。

二、知识准备

农机产品“三包”规定：

(1)农机产品的三包有效期自销售者开具购机发票之日起计算，三包有效期包括整机三包有效期，主要部件质量保证期，易损件和其他零部件的质量保证期。

(2)内燃机、拖拉机、联合收割机、插秧机的整机三包有效期及其主要部件的质量保证期应当不少于本规定附件1规定的时间。内燃机单机作为商品出售给农机用户的，计为整机，其包含的主要零部件由生产者明示在三包凭证上。拖拉机、联合收割机、插秧机的主要部件由生产者明示在三包凭证上。

其他农机产品的整机三包有效期及其主要部件或系统的名称和质量保证期，由生产者明示在三包凭证上，且有效期不得少于一年。

内燃机作为农机产品配套动力的，其三包有效期和主要部件的质量保证期按农机产品的整机的三包有效期和主要部件质量保证期执行。

农机产品的易损件及其他零部件的质量保证期达不到整机三包有效期的，其所属的部件或系统的名称和合理的质量保证期由生产者明示在三包凭证上。

(3)农机用户丢失三包凭证，但能证明其所购农机产品在三包有效期内的，可以向销售者申请补办三包凭证，并依照本规定继续享受有关权利。销售者应当在接到农机用户申请后10个工作日内予以补办。销售者、生产者、修理者不得拒绝承担三包责任。

由于销售者的原因，购机发票或三包凭证上的农机产品品牌、型号等与要求三包的农机产品不符的，销售者不得拒绝履行三包责任。

在三包有效期内发生所有权转移的，三包凭证和购机发票随之转移，农机用户凭原始三包凭证和购机发票继续享有三包权利。

(4)三包有效期内，农机产品出现质量问题，农机用户凭三包凭证在指定的或者约定的修理者处进行免费修理，维修产生的工时费、材料费及合理的运输费等由三包责任人承担；符合本规定换货、退货条件，农机用户要求换货、退货的，凭三包凭证、修理记录、购机发票更换、退货；因质量问题给农机用户造成损失的，销售者应当依法负责赔偿相应的损失。

(5)三包有效期内，农机产品存在本规定范围的质量问题的，修理者一般应当自送修之日起30个工作日内完成修理工作，并保证正常使用。

(6)三包有效期内，送修的农机产品自送修之日起超过30个工作日未修好，农机用户可以选择继续修理或换货。要求换货的，销售者应当凭三包凭证、维护和修理记录、购机发票免费更换同型号同规格的产品。

(7)三包有效期内，农机产品因出现同一严重质量问题，累计修理2次后仍出现同一质量问题无法正常使用的；或农机产品购机的第一个作业季开始30日内，除因易损件外，农机产品因同一质量问题累计修理2次后，又出现同一质量问题的，农机用户可以凭三包凭证、维护和修理记录、购机发票，选择更换相关的主要部件或系统，由销售者负责免费更换。

(8)三包有效期内或农机产品购机的第一个作业季开始30日内，农机产品因本规定第二十九条的规定更换主要部件或系统后，又出现相同质量问题，农机用户可以选择换货，由销售者负责免费更换；换货后仍然出现相同质量问题的，农机用户可以选择退货，由销售者负责免费退货。

(9)三包有效期内，符合本规定更换主要部件的条件或换货条件的，销售者应当提供新的、合格的主要部件或整机产品，并更新三包凭证，更换后的主要部件的质量保证期或更换后的整机产品的三包有效期自更换之日起重新计算。

符合退货条件或因销售者无同型号同规格产品予以换货的，农机用户要求退货的，销售者应当按照购机发票金额全价一次退清货款。

(10)因生产者、销售者未明确告知农机产品的适用范围而导致农机产品不能正常作业的，农机用户在农机产品购机的第一个作业季开始30日内可以凭三包凭证和购机发票选择退货，由销售者负责按照购机发票金额全价退款。

(11)整机三包有效期内，联合收割机、拖拉机、播种机、插秧机等产品在农忙作业季节出现质量问题的，在服务网点范围内，属于整机或主要部件的，修理者应当在接到报修后3日内予以排除；属于易损件或是其他零件的质量问题的，应当在接到报修后1日内予以排除。在服务网点范围外的，农忙季节出现的故障修理由销售者与农机用户协商。

国家鼓励农机产品生产者、销售者、修理者农忙时期开展现场的有关售后服务活动。

(12)三包有效期内，销售者不履行三包义务的，或者农机产品需要进行质量检验或鉴定的，三包有效期自农机用户的请求之日起中止计算，三包有效期按照中止的天数延长；造成直接损失的，应当依法赔偿。

【任务实施】

一、学生分组，4～5人一组，就课前准备的农机产品“三包”规定相关知识点进行讨论。

1. 首先根据课前收集的相关资料，小组内对农机产品“三包”规定的认知进行简要讨论，得出小组内讨论结果。

2. 小组内讨论完毕，每组选出一名代表汇报讨论结果，再进行组间讨论，对于农机产品“三包”规定的具体内容得出讨论结果，然后由任课教师进行相关指导，使其掌握农机产品“三包”规定内容。

二、教师展示在农机三包期内发现产品质量问题，如何实行“三包”的图片和视频，结合课前收集的相关资料，讨论回答下列问题：

1. 农机消费者购买农机产品后，在使用过程中发现产品质量问题或要求进行售后“三包”服务出现问题时，应如何保护自己的合法权益？

2. 农机产品的三包有效期从什么时间开始？三包有效期包括哪些内容的质量保证期？

3. 农机用户丢失三包凭证，该如何补办？

【任务评价】

针对项目实施中的一、二部分，在实施过程中，针对不同的内容，进行小组间评价，指导教师对每组讨论的结果进行指导，最后概括总评，得出正确答案。任务评价表见附录。

【任务巩固】

1. 农机产品的三包有效期包括哪些内容的质量保证期？

2. 什么情况下，农机用户在农机产品购机的第一个作业季开始30日内可以凭三包凭证和购机发票选择退货？

3. 何种情况下销售者不得拒绝履行三包责任？

任务2　农机产品质量投诉

【任务目标】

1. 了解农机质量投诉监督管理办法；

2. 掌握农机质量投诉受理具体要求和投诉处理的具体办法。

【任务准备】

一、资料准备

农机质量投诉的相关图片和视频、任务评价表等与相关的教学资料。

二、知识准备

(一)农机质量投诉监督管理

(1)凡因农业机械产品质量、作业质量、维修质量和售后服务引起的争议,均可向农业机械质量投诉监督机构投诉,也可向当地消费者协会投诉。

(2)农业机械质量投诉的受理和调解实行无偿服务。鼓励就地就近进行投诉。

(二)投诉监督

1. 农业机械质量投诉监督机构主要职责

(1)受理农业机械质量投诉或其他行政部门转交的投诉案件,依法调解质量纠纷。必要时,组织进行现场调查;

(2)定期分析、汇总和上报投诉情况材料,提出对有关农业机械实施监督的建议;

(3)协助其他农业机械质量投诉监督机构处理涉及本区域投诉案件的调查等事宜;

(4)参与省级以上人民政府农业机械化行政主管部门组织的农业机械质量调查工作;

(5)向农民提供国家支持推广的农业机械产品的质量信息咨询服务;

(6)对下级农业机械质量投诉监督机构进行业务指导。

2. 从事投诉受理、调解工作的人员应具备的基本条件

(1)热爱农业机械投诉监督工作,有较强的事业心和责任感;

(2)熟悉相关法律、法规和政策,具有必要的农业机械专业知识;

(3)经省级以上农业机械质量投诉监督机构培训合格。

(三)投诉受理

(1)投诉者应是具备民事行为能力从事农业生产的农业机械所有者或使用者。

(2)投诉者应提供书面投诉材料,内容至少包括:

①投诉者姓名、通信地址、邮政编码、联系电话以及被投诉方名称或姓名、通信地址、邮政编码、联系电话等准确信息。

②农业机械产品的名称、型号、价格、购买日期、维修日期、销售商、维修商,质量问题和损害事实发生的时间、地点、过程、故障状况描述以及与被投诉方协商的情况等信息。

③有关证据。包括合同、发票、“三包”凭证、合格证等复印件。

④明确的投诉要求。

农忙季节或情况紧急时,农业机械质量投诉监督机构可以详细记录投诉者通过电话或其他方式反映的情况并与被投诉方联系进行调解，如双方能协商一致，达成和解，投诉者可以不再提供书面材料。

(3)有下列情形之一的投诉，不予受理：

①没有明确的质量诉求和被投诉方的；

②在国家规定和生产企业承诺的“三包”服务之外发生质量纠纷的(因农业机械产品质量缺陷造成人身、财产伤害的除外)；

③法院、仲裁机构、有关行政部门、地方消费者协会或其他农业机械质量投诉机构已经受理或已经处理的；

④争议双方曾达成调解协议并已履行，且无新情况、新理由、新证据的；

⑤其他不符合有关法律、法规规定的。

(4)农业机械质量投诉监督机构接到投诉后，应建立档案并在2个工作日内做出是否受理的答复。不符合受理条件的，应告知投诉者不受理的理由。

(四)投诉处理

(1)投诉处理应以事实为依据，依法进行调解。

(2)农业机械质量投诉监督机构受理投诉后，应及时将投诉情况通知被投诉方并要求其在接到通知后3日内进行处理，农忙季节应在2日内进行处理。被投诉方应将处理结果以书面形式反馈农业机械质量投诉监督机构。

(3)争议双方经调解达成解决方案的，应形成书面协议，由农业机械质量投诉监督机构负责督促双方执行。

(4)需要进行现场调查的，农业机械质量投诉监督机构可聘请农业机械鉴定机构进行现场调查，现场调查应征得投诉双方同意后进行。

(5)调解中需要进行检验或技术鉴定的，由争议双方协商确定实施检验或鉴定的农业机械试验鉴定机构和所依据的技术规范。检验或鉴定所发生的费用由责任方承担。

(6)调查、调解过程中涉及其他行政区域时，其他行政区域所在地的农业机械质量投诉监督机构应给予配合。

(7)被投诉方对投诉情况逾期不予处理和答复，在农业机械质量投诉监督机构催办三次后仍然不予处理的，视为拒绝处理。

(8)有下列情形之一的，可以终止调解：

①争议双方自行和解的；

②投诉者撤回其投诉的；

③争议一方已向法院起诉、申请仲裁或向有关行政部门提出申诉的；

④投诉者无正当理由不参加调解的。

(9)争议双方分歧较大，无法达成和解方案的，农业机械质量投诉监督机构可以给出书面处理意见后，终止调解。投诉者可通过其他合法途径进行解决。

【任务实施】

(一)学生分组，4～5人一组，就课前准备的农机质量投诉监督管理办法相关知识点进行讨论。

1. 首先根据课前收集的相关资料，小组内对农机质量投诉的认知进行简要讨论，得出小组内讨论结果。

2. 小组内讨论完毕，每组选出一名代表汇报讨论结果，再进行组间讨论，对于农机质量投诉的具体内容得出讨论结果，然后由任课教师进行相关指导，使其掌握农机质量投诉的具体内容。

（二）教师展示相关农机质量投诉监督管理问题的图片和视频，结合课前收集的相关资料，讨论回答下列问题：

1. 投诉者应提供哪些书面投诉材料？

2. 何种情况，农机用户投诉不予受理？

【任务评价】

针对项目实施中的一、二部分，在实施过程中，针对不同的内容，进行小组间评价，指导教师对每组讨论的结果进行指导，最后概括总评，得出正确答案。任务评价表见附录。

【任务拓展】

农机质量投诉特殊案例

投诉案例：农民高某购买的350型拖拉机，在提升机具转弯时拖拉机翘头，前轮离开地面，挂机具在公路上行驶时拖拉机翘头失去方向。因此高某找经销商解决问题，经销商认为拖拉机没有问题，让高某在拖拉机前加沙袋增加头部重量，高某则认为是拖拉机产品质量问题，投诉要求退货。

经过对拖拉机和机具使用情况进行调查，通过称重计算得到结果如下：(1)不挂机具时，拖拉机本身无论带配重还是不带配重，前后轮重量分配合理。(2)带机具时，前后轮重量分配只有15.5%(一般不能少于20%)。(3)机具重心与两后轮中心的距离为1.18 m，稍远，这说明拖拉机没有质量问题。而高某所购买的机具为SGTN125D4型联合整地机，其重量为500 kg，需要配套拖拉机动力应为40～50 ps，很明显是机具配置不合理。由于机具过重过长，造成拖拉机前后轮重量分配不合理，导致重心后移，出现拖拉机翘头现象。通过调查高某承认机具选型错误，经过同双方调解协商，经销商考虑用户使用方便，同意将高某购买的机具给予退货。高某又另外购买了一台重量为380 kg的整地机，机具选配合理后，拖拉机与整地机使用一切正常。

案例评析：由于拖拉机是动力机械，所以必须正确配备合适的农机具才能作业，错误的配置将使机具无法正常工作，甚至造成拖拉机或农机具的损坏。农民在购买拖拉机和机具时一定要考虑到二者的配套问题，问清楚后再买。对于农机产品的使用配置问题，在《农业机械产品修理、更换、退货责任规定》第十三条中已明确规定，经销商在销售农机具时，也应当告知出售农机具的用途、适用范围以及与拖拉机的正确配置等内容，方便农民选购合适的农机具。另外，农民在购买补贴机具时，往往是拖拉机与农机具同时购买，因此负责农机购置补贴的工作人员，在农民申请农机购置补贴指标时也应考虑到拖拉机与农机具的配套问题，给农民正确的建议。

【任务巩固】

1. 从事投诉受理、调解工作的人员应具备哪些基本条件？
2. 投诉者应提供哪些书面投诉材料？
3. 何种情况，农机用户投诉不予受理？

模块八　农机安全监理

项目 1　拖拉机、联合收割机管理

项目 2　农业机械安全管理

项目 3　农业机械事故与处理

项目 1

拖拉机、联合收割机管理

【项目描述】

随着农村经济的不断发展，拖拉机、联合收割机等生产也得到了迅猛发展，购买它们的有机户越来越多，各地农机部门车的保有量呈明显上升趋势，相对而来的“黑车非驾”现象也明显增多，一些驾驶员在没有经过当地的监理部门培训，考试而私自在车辆没有办理手续的情况下进行作业。确保拖拉机、联合收割机等安全生产和人民的生命财产的安全也成了各地农机监理部门的首要问题。

此项作业的目的就是通过拖拉机、联合收割机驾驶证的申领和使用介绍，认知拖拉机、联合收割机登记管理办法，进而解决实际生产问题。

本项目分为拖拉机、联合收割机驾驶证的申领和使用，拖拉机、联合收割机登记管理共 2 个工作任务。

通过本项目的训练，认知拖拉机、联合收割机驾驶证的申领和使用、登记管理等工作内容；熟悉拖拉机、联合收割机驾驶证的申领程序和使用方法；掌握拖拉机、联合收割机登记管理办法；培养学生认真严谨、踏踏实实的工作态度以及同学间沟通协作能力。

任务 1　拖拉机、联合收割机驾驶证的申领和使用

【任务目标】

1. 完成办理农机驾驶证的条件准备。
2. 通过农机驾驶证考试。

【任务准备】

一、资料准备

与本任务相关的教学资料；农机驾驶证申领和使用相关图片或影像资料；任务评价表。

二、知识准备

拖拉机、联合收割机操作证件有效期为 6 年；有效期满，拖拉机、联合收割机操作人员可以向原发证机关申请续沿。未满 18 周岁不得操作拖拉机、联合收割机。操作人员年满 70 周岁的，县级人民政府农业机械化主管部门注销其操作证件。

（一）主管部门

直辖市农业（农业机械）主管部门农机安全监理机构、设区的市或者相当于同级的农业（农业机械）主管部门农机安全监理机构（以下简称“农机监理机构”）负责办理本行政辖区内拖拉机驾驶证业务。

县级农业(农业机械)主管部门农机安全监理机构在上级农业(农业机械)主管部门农机安全监理机构的指导下,承办拖拉机驾驶证申请的受理、审查和考试等具体工作。

(二)准驾机型

大中型拖拉机(发动机功率在14.7 kW以上),驾驶证准驾机型代号为“G”;小型方向盘式拖拉机(发动机功率不足14.7 kW),驾驶证准驾机型代号为“H”;手扶式拖拉机,驾驶证准驾机型代号为“K”。

持有准驾大中型拖拉机驾驶证的,准许驾驶大中型拖拉机、小型方向盘式拖拉机;持有准驾小型方向盘式拖拉机驾驶证的,只准许驾驶小型方向盘式拖拉机;持有准驾手扶式拖拉机驾驶证的,只准许驾驶手扶式拖拉机。

(三)申请人基本条件

申请人合格需具备的条件:年龄在18周岁以上,60周岁以下;身高不低于150 cm;两眼裸视力或者矫正视力达到对数视力表4.9以上;无红绿色盲;两耳分别距音叉50 cm能辨别声源方向;双手拇指健全,每只手其他手指必须有3指健全,肢体和手指运动功能正常;下肢运动功能正常,下肢不等长度不得大于5 cm;躯干、颈部,无运动功能障碍。

有下列情形之一的,不得申请拖拉机驾驶证:有器质性心脏病、癫痫、美尼尔氏症、眩晕症、癔病、震颤麻痹、精神病、痴呆以及影响肢体活动的神经系统疾病等妨碍安全驾驶疾病的;吸食、注射毒品,长期服用依赖性精神药品成瘾尚未戒除的;吊销拖拉机驾驶证或者机动车驾驶证未满2年的;造成交通事故后逃逸被吊销拖拉机驾驶证或者机动车驾驶证的;驾驶许可依法被撤销未满3年的;法律、行政法规规定的其他情形。

(四)考试内容

1.科目一考核

考试内容为道路交通安全法律、法规和农机安全监理法规、规章;拖拉机及常用配套农具的总体构造,主要组成结构和功用,维护保养知识,常见故障的判断和排除方法,操作规程等安全驾驶相关知识。(成绩在80分以上的为合格)。

农机驾驶人理论考试模拟试卷(部分演示试题)。

1.(　)四行程发动机一个工作循环的工作顺序为______。

(A)进气、压缩、做功、排气　(B)进气、做功、压缩、排气　(C)进气、压缩、排气、做功

2.(　)柴油发动机由曲柄连杆机构、______、润滑系统、冷却系统、起动系统等组成。

(A)配气机构、供给系统　(B)配气机构、传动系统　(C)供给系统、行走系统

3.(　)联合收割机作业起步时,应当鸣号或者发出信号,提醒有关作业人员注意安全。

(A)对　(B)错

4.(　)联合收割机出现故障需排除时,应切断动力,但无须将发动机熄火。

(A)对　(B)错

5.( )交通信号灯由______组成。

(A)红灯、绿灯 (B)红灯、绿灯、黄灯

6.( )《道路交通安全法》规定:机动车、非机动车实行______通行。

(A)左侧 (B)右侧

7.( )通过漫水道路时,首先______水深和水底地面的软硬情况。

(A)不要探明 (B)要探明

8.( )拖车驾驶中拖带他车时,规定应______或同吨位车互拖。

(A)以小拖大 (B)以大拖小

2. 科目二考核

方向盘式拖拉机场地驾驶考试。如图7-1所示。起点,距甲库外边线1.5倍机长;路宽,机长的1.5倍;库长,机长的2倍;库宽,大中型拖拉机为机宽加60 cm,小型拖拉机为机宽加50 cm。

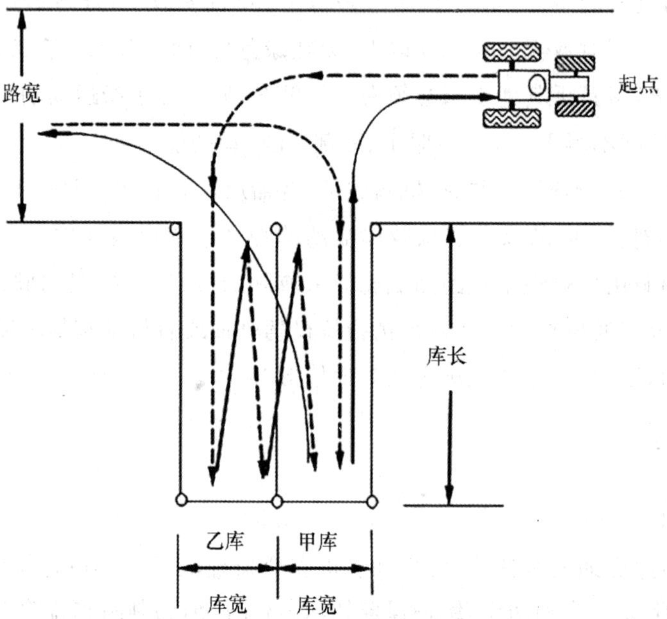

图 7-1 拖拉机场地考试线路图

图例: o 桩位, — 边线, → 前进线, ⇢ 倒车线

未出现下列情形的,考试合格:不按规定路线、顺序行驶;碰擦桩杆;机身出线;移库不入;在不准许停机的行驶过程中停机两次以上;发动机熄火;原地打方向;使用半联动离合器或者单边制动器;违反考场纪律。

3. 科目三考核

拖拉机挂接农具。如图7-2所示。

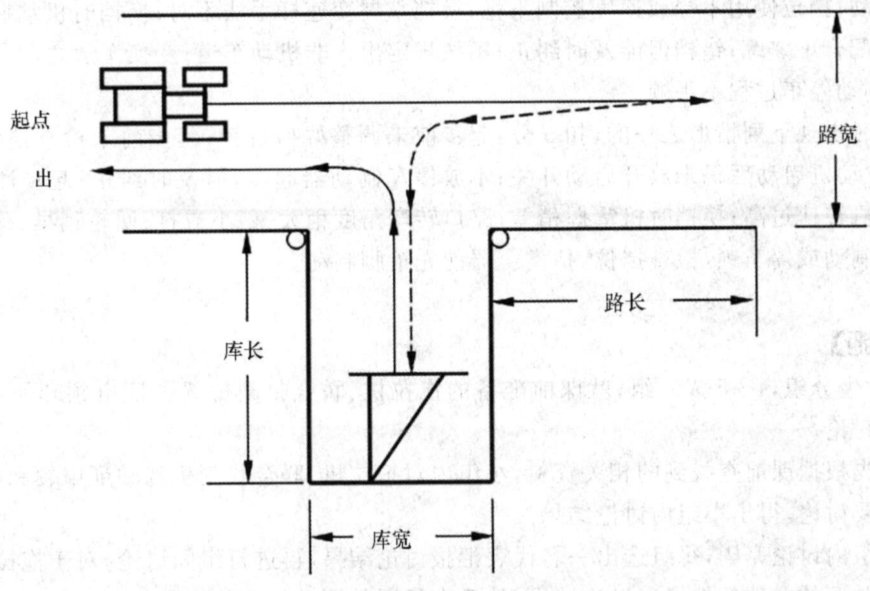

图 7-2　拖拉机场地农具挂接考试线路图

图例：○ 桩位，— 边线，→ 前进线，⇢ 倒车线

4. 科目四考核

拖拉机道路驾驶，拖拉机考试距离不少于 3 km。

在模拟道路或者实际道路上，驾驶拖拉机机组进行起步前的准备、起步、通过路口、通过信号灯、按照道路标志标线驾驶、变换车道、会车、超车、定点停车等正确驾驶拖拉机的能力，观察、判断道路和行驶环境以及综合控制拖拉机的能力，在夜间和低能见度情况下使用各种灯光的知识，遵守交通法规的意识和安全驾驶情况。

考试时出现下列情形之一的，道路驾驶考试不及格：不按交通信号或民警指挥信号行驶；起步时拖拉机机组溜动距离大于 30 cm；机组行驶方向把握不稳；当右手离开方向盘时，左手不能有效、平稳控制方向的；有双手同时离开方向盘或扶手把现象；换挡时低头看挡或两次换挡不进；行驶中使用空挡滑行；行驶速度超过限定标准；对机组前后、左右空间位置感觉差；不按考试员指令行驶；不能熟练掌握牵引挂车驾驶要领；对采用气制动结构的拖拉机，储气压力未达到一定数值而强行起步；方向转动频繁，导致挂车左右晃动；考试中，有吸烟、接打电话等妨碍安全驾驶行为；争道抢行或违反路口行驶规定；窄路会车时，不减速靠右边行驶或会车困难时，应让行而不让；行驶中不能正确使用各种灯光；在禁止停车的地方停车；发现危险情况未及时采取措施。

考试时出现下列情形之一的，扣 20 分：拖拉机有异常情况起步；起步挂错挡；不放松手制动器或停车锁起步，未能及时纠正；起步时机组溜动小于 30 cm；起步时发动机熄火一次；换挡时有齿轮撞击声；控制行驶速度不稳；路口转弯角度过大、过小或打、回轮过早、过晚；掉头方式选择不当；掉头不注意观察交通情况；停车未拉手制动或停车锁之前机组后溜。

考试时出现下列情形之一的，扣 10 分：起步前未检查仪表；起步时机组有闯动及行驶无力的情形；起步及行驶时驾驶姿势不正确；掌握方向盘或扶手把手法不合理；行驶制动不平顺，出现机组晃动；挡位使用不当或速度控制不稳；换挡掌握变速杆手法不对；换挡时机掌握太差；换挡时手脚配合不熟练；错挡但能及时纠正；不按规定出入非机动车道；变换车道之前，未查看交通情况；制动停车过程不平顺。

考试时出现下列情形之一的，扣5分：起步前未调整好后视镜；起步前未检查挡位或停车制动器；发动机启动后仍未放开启动开关；不放停车制动器起步，但及时纠正；起步油门过大，致使发动机转速过高；换挡时机掌握稍差；路口转弯角度稍大、稍小或打、回轮稍早、稍晚；停车时未拉手制动或停车锁，检查挡位，抬离合器前先抬脚制动。

【任务实施】

一、学生分组，4～5人一组，就课前准备的拖拉机、联合收割机驾驶证申领和使用相关知识点进行讨论。

1. 首先根据课前查找到的相关资料，小组内对拖拉机、联合收割机驾驶证申领和使用的认知进行简要讨论，得出小组内讨论结果。

2. 小组内讨论完毕，每组选出一名代表汇报讨论结果，再进行组间讨论，对于拖拉机、联合收割机驾驶证的办理条件提出讨论结果，然后由任课教师进行相关指导，得出正确办理条件。

二、教师展示拖拉机、联合收割机驾驶证申领和使用的相关实物及试题库，结合课前收集的相关资料，讨论回答下列问题：

1. 拖拉机、联合收割机驾驶员申请条件是什么？
2. 有哪些情形不得申请拖拉机驾驶证？
3. 根据教学上现有拖拉机型号，画出考核场地图示。
4. 试做多套理论科目试题，同学间相互打分。

【任务评价】

针对项目实施中的一、二部分，在实施过程中，针对不同的内容，进行小组间评价，指导教师对每组讨论的结果进行指导，最后概括总评，得出正确答案。任务评价表，见附录。

【任务拓展】

拖拉机上道路行驶，联合收割机因转场作业、维修、安全检验等需要转移的，其操作人员应携带操作证件。

拖拉机、联合收割机操作人员不得有下列行为：

1. 操作与本人操作证件规定不相符的拖拉机、联合收割机；
2. 操作未按照规定登记、检验或者检验不合格、安全设施不全、机件失效的拖拉机、联合收割机；
3. 使用国家管制的精神药品、麻醉品后操作拖拉机、联合收割机；
4. 患有妨碍安全操作的疾病操作拖拉机、联合收割机；
5. 国务院农业机械化主管部门规定的其他禁止行为。

【任务巩固】

1. 农机监理机构办理拖拉机、联合收割机驾驶证业务，应当遵循__________、__________、__________的原则。

2. 办理拖拉机、联合收割机驾驶证的年龄要求在__________和__________之间。

3. 拖拉机、联合收割机驾驶证有效期分为__________年、__________年和__________。

4. 拖拉机、联合收割机驾驶员申请条件是什么？

5. 有哪些情形不得申请拖拉机驾驶证？

任务 2　拖拉机、联合收割机登记管理

【任务目标】

1. 了解拖拉机、联合收割机的牌证使用规定；

2. 掌握拖拉机、联合收割机登记办法。

【任务准备】

一、资料准备

拖拉机、联合收割机登记管理相关图片和视频、任务评价表等与相关的教学资料。

二、知识准备

国家对拖拉机、联合收割机实行登记制度。登记的目的是为了审核其来历是否合法，安全技术状态是否良好，同时，也可以掌握机械的使用和分布情况，便于加强安全监督管理。拖拉机、联合收割机经当地农机监理机构登记后，才能从事作业。上道路行驶的拖拉机还需办理道路交通事故强制责任保险。尚未登记的拖拉机、联合收割机，需要临时行驶的，应当取得临时行驶号牌。

（一）拖拉机、联合收割机登记

拖拉机、联合收割机登记一般包括注册登记、转移登记、变更登记、抵押登记和注销登记等。

1. 注册登记

初次申领号牌、行驶证、登记证书时所进行的登记称为注册登记。申请注册登记时，应向住所地的农机监理机构提交包括所有人的身份证明、安全技术检验合格证明（国家规定免予安全技术检验的除外）、合格证明、来历证明或进口凭证等法定证明、凭证，并交验拖拉机。对符合条件的，核发拖拉机登记证书、号牌、行驶证和检验合格标志。

有下列情形之一的，不予办理注册登记：

(1)提交的证明、凭证无效的。

(2)来历证明涂改的,或者来历证明记载的所有人与身份证明不符的。

(3)提交的证明、凭证与拖拉机、联合收割机不符的。

(4)拖拉机、联合收割机型达到国家规定的强制报废标准的。

(5)拖拉机、联合收割机属于被盗抢的。

(6)其他不符合法律、行政法规规定的情形。

2. 变更登记

已注册登记的拖拉机、联合收割机,改变机身颜色、更换机身(底盘)或者挂车、更换发动机、因质量问题由制造厂更换整机,所有人的住所迁出或转入农机监理机构管辖区或所有人姓名(单位名称)或者联系方式变化的,均应当到当地农机监理机构申请办理变更登记。

3. 转移登记

拖拉机、联合收割机所有权发生转移的,转移后的拖拉机所有人应当于拖拉机交付之日起30日内申请办理转移登记。有下列情形之一的,不予办理转移登记:

(1)有不予办理注册登记规定情形的。

(2)拖拉机、联合收割机与该机的档案记载的内容不一致的。拖拉机、联合收割机在抵押期间的。

(3)拖拉机、联合收割机或者拖拉机、联合收割机档案被人民法院、人民检察院、行政执法部门依法查封、扣押的。

(4)拖拉机、联合收割机涉及未处理完毕的道路交通、农机安全违法行为或者交通、农机事故的。

4. 抵押登记

所有人因故将拖拉机或联合收割机抵押给抵押权人时所需办理的登记称为抵押登记。抵押登记应当由所有人(抵押人)和抵押权人共同申请,并依法订立主合同和抵押合同。

5. 注销登记

以下3种情况办理注销登记:

(1)已达到国家强制报废标准的拖拉机、联合收割机,所有人申请报废注销的。因拖拉机、联合收割机灭失,所有人申请注销登记的。

(2)所有人因其他原因申请注销登记的。

(3)所有人申请注销登记的,应交回号牌、行驶证和登记证书,因灭失无法交的,农机监理机构公告作废。

(二)牌证使用规定

(1)拖拉机、联合收割机经农机监机构登记后取得号牌和行驶证,拖拉机还包括登记证书。拖拉机、联合收割机行驶或作业时,应随机携带行驶证,号牌应当按规定悬并保持清晰、完整,不得故意遮挡、污损。

(2)拖拉机、联合收割机的号牌、行驶证、登记证书灭失、丢失或者损毁的,所有人应当申请补领、换领。

(3)对申请补领拖拉机登记证书的,农机监理机构应当自受理之日起15日内确认拖拉机,重新核发拖拉机登记证书。申请换领需交回原登记证书。申请补领拖拉机、联合收割机号牌的，号牌制作期间由农机监理机构核发临时行驶号牌。

【任务实施】

一、学生分组，4～5 人一组，就课前准备的拖拉机、联合收割机登记管理相关知识点进行讨论。

1. 首先根据课前查找到的相关资料，小组内对拖拉机、联合收割机登记管理进行简要讨论，得出小组内讨论结果。

2. 小组内讨论完毕，每组选出一名代表汇报讨论结果，再进行组间讨论，对于拖拉机、联合收割机登记管理提出讨论结果，然后由任课教师进行相关指导。

二、教师展示拖拉机、联合收割机登记管理的相关图片或视频资料，结合课前收集的相关资料，讨论回答下列问题：

1. 拖拉机、联合收割机登记一般包括哪些？

2. 哪种情况办理拖拉机、联合收割机注销登记？

3. 拖拉机、联合收割机的牌证使用规定是什么？

【任务评价】

针对项目实施中的一、二部分，在实施过程中，针对不同的内容，进行小组间评价，指导教师对每组讨论的结果进行指导，最后概括总评，得出正确答案。任务评价表，见附录。

【任务巩固】

1. 拖拉机、联合收割机登记一般包括哪些？

2. 哪种情况办理拖拉机、联合收割机注销登记？

3. 拖拉机、联合收割机的牌证使用规定是什么？

项目 2

农业机械安全管理

【项目描述】

实际生产中，农业机械不仅担负着运动运输作业任务，而且担负着诸多各种复杂的农田作业任务，这就要农业机械必须保持良好的安全技术状态，才能安全、优质、高效、低耗地投入农业生产，最大限度地减少和避免农机事故的发生。

此项作业的目的就是通过农业机械管理介绍，认知农业机械技术标准、认知农机的技术规范和管理，进而减少和避免农机事故的发生。

本项目分为认知农业机械技术标准、认知农机的技术规范和管理共2个工作任务。

通过本项目的训练，认知农业机械技术标准和农机的技术规范和管理等工作内容；熟悉轮式拖拉机技术、谷物联合收割机技术等检验标准；掌握农机的技术规范和管理；培养学生认真严谨踏踏实实的工作态度以及同学间沟通协作能力。

任务1　认知农机安全检验技术标准

【任务目标】

1. 了解农机安全检验技术标准。
2. 掌握按技术检验标准检验农机具。

【任务准备】

一、资料准备

上网搜索或查阅相关资料找到轮式拖拉机、谷物联合收割机等机械的安全技术检验标准书，准备任务评价表等与本任务相关的教学资料。

二、知识准备

（一）轮式拖拉机安全技术检验标准

（1）整机车容整洁，号牌不破损，字迹清晰，悬挂位置正确。外廓尺寸符合设计要求，无拼装、改型。车体左右对称部位高度差≤400 mm，除后视镜、转向灯外，无超出车身外廓的凸出物。各部机件完整，工作可靠，安装符合技术要求，调整正确，铅封完好，仪表齐全，指示准确。发动机、车架编号规整，易见。照明设备、光、声信号齐全有效。

（2）发动机动力性能良好，运转平稳，怠速稳定，无异响、异烟，功率不低于额定功率的85%，油耗率不高于额定油耗率的15%。发动机起动性能良好，工作时，水温、油温、油压正常。供给、润滑、冷却系统、电气设备机件齐全，性能良好，油、水、电、气四不漏。

（3）变速箱、后桥、动力输出轴和起动机传动机构运转平稳，无异响、不缺油、不过热、外壳无裂纹。主离合器分离彻底、结合平稳，不打滑、不抖动，踏板力、自由行程符合技术要求。变速箱挂挡轻便灵活，不跳挡、不自动掉挡，变速杆操纵力、动力输出轴操纵杆操纵力符合技术要求。

(4)前轮前束、倾角调整符合技术要求。转向装置操纵轻便灵活、无阻滞;车轮转到极限位置时,不与其他部件干涉。方向盘自由行程≤±15°。在平坦、坚实、干燥和清洁的道路上行驶,路感灵敏,不跑偏、方向盘无摆振。转向节、转向臂、转向横、纵拉杆及球销无裂纹、损伤、拼焊,球销不松旷,球头磨损不超限。

(5)各制动零部件完好,连接牢固,无拼焊。最大制动效能在踏板全行程的4/5以内实现。制动踏板的自由行程符合设计规定,制动灵敏,踏板回位及时;制动机构的联锁、锁定装置零部件齐全有效,空载时在20%坡道上双方向能可靠停车5 min。

(6)拖拉机带挂车(空载)在平坦、坚实、干燥、清洁的水泥或沥青路面(路面附着系数为0.7)上的制动距离方向盘式拖拉机速度为20 km/h,制动距离≤5.4 m。方向盘式拖拉机速度为20 km/h时紧急制动,跑偏量≤80 mm。

(7)液压悬挂装置部件齐全,牢固可靠,无渗漏;在规定负荷、油温时,提升至最高位置时的时间≤3 s,提升时不抖动,提升后切断动力30 min,静沉降值≤15 mm。悬挂装置各杆件不变形,限位链与斜拉杆长度调整灵活,工作可靠。连接挂车时,安全链、安全销齐全有效。

(8)动力输出装置能单独切断动力,外露旋转件有防护罩。拖拉机驾驶室坚固,不影响驾驶操作:前风挡玻璃平整光滑,能见度良好,不准使用有机玻璃;刮水器使用可靠;驾驶室宽度不超过后轮外缘,后侧不超过后轮后缘。后视镜图像清晰,角度适宜(大中型左右各装一只,小型在左侧装一只)。

(9)拖拉机的发电设备、用电设备、配电设备齐全有效、性能良好。轮胎气压符合技术要求,驱动轮轮胎花纹方向正确。

(二)谷物联合收割机安全技术检验标准

(1)整机外观达到“五净、四不漏”,机体无开焊、断裂、缺损;防护罩、板齐全有效,安装正确。号牌不破损,字迹清晰,悬挂位置正确,指示、安全反光标记齐全。各操纵件操作灵活有效,旋转部件转动无阻;自动回位手柄、踏板回位及时。

(2)照明设备、仪表、传感器、指示装置、后视镜、雨刷器、音响、空调、光声信号齐全,准确有效。

(3)脱粒、分离、清选机构、粮箱等密封良好,外壳无≥2 mm的缝隙或孔洞,不漏粮。各部轴承、铰链间隙正常,润滑良好,防尘罩齐全。接头、阀门、螺塞、密封垫圈、油封、水封及垫片齐全完好,接合严密,不漏油、不漏气、不漏冷却液。

(4)电器设备齐全可靠,不漏电。裸露接头及电器开关距燃料箱≥200 mm。各机构状态、转速符合技术要求;介质(油料、冷却液、制冷剂等)使用规范,液位正常。

(5)驾驶室完整、坚固、整洁,安全带可靠,视野良好。梯子和扶手齐全、牢固可靠。随机工具、急救药箱、防火工具、灭火设备、排气管灭火网罩齐全有效。

(6)割台底的仿形滑撑齐全、滑撑的高度和倾斜度适宜。割台升降灵活,锁定装置有效。

(三)联合整地机安全技术检验标准

(1)外观整洁,零部件齐全完好,无缺损,不变形。

(2)机架无弯曲、变形,各零部件无裂纹、严重磨损、锈蚀连接紧固,螺母、垫片齐全。

(3)各安全装置齐全有效，杆件不变形，零件磨损不超限，安全销的材质和规格符合规定。缓冲弹簧齐全，长度调整适当。深松杆齿的工作幅宽偏差≤10 mm。各杆齿尖在同一水平面上，偏差≤±5 mm。深松铲柄不变形，安装不偏扭和歪斜。铲尖安装螺栓方向正确。铲尖刃口厚度≤2 mm。铲尖与杆齿应紧密贴合，沉头螺栓紧固，螺栓头部不凸出，工作表面下陷≤1 mm。

(4)起落机构零件齐全，起落灵活，磨损不超限，相互位置正确。

(5)整机及碎土耙深浅及水平调节机构各零部件齐全完好，调节有效。圆盘犁、合墒器悬挂架轴孔同心，磨损正常。

(6)转动部件转动灵活、不松旷。各部轴承、铰链间隙正常，润滑良好，防尘罩齐全。液压元件齐全且工作可靠。各机构工作灵敏，在最高压力下无泄漏、异响和管路振动。

(7)行走轮状态良好，气压正常，无硬伤、不漏线，左右轮胎花纹磨损大致相同。空驶时的离地间隙≥300 mm。

(四)播种机安全技术检验标准

(1)外观整洁，零部件齐全，各部螺栓紧固，机架、悬挂臂不变形，调整正确。

(2)中梁下垂量不大于 10 mm，种肥箱完好、无漏洞，箱盖安装挡帘。开沟器加装种肥接口、散种舌性能可靠。采取 10 cm 间距，间距误差不超过 ±2.5 mm。各单体最低点平面度±2.5 mm。

(3)开沟器导架不变形，各铰链点灵活、可靠、不摆动，圆盘开沟器摆动量±1.5 mm。开沟器转动灵活，两盘相交处间隙应小于 2 mm，径向磨损不大于 25 mm，刃口损坏不超过 3 处，每处深度不超过 1.5 mm，平面度偏差小于 1.5 mm，削土板不磨损，与圆盘开沟片的间隙小于 2 mm。

(4)伸宿杆不变形，弹簧弹力一致，联结板在同一水平面。输种管、种、肥盒不锈蚀、变形、裂纹。槽轮及阻塞轮磨损不超限，除垢、选配安装。

(5)播量能实现动态精量微调，每半台播机设标准流量口，单口流量允差，种子±1%、肥料±3%。双层大拉网、小拉棒，拖拉机轨迹松土器、地轮松土器，划印器齐全、可靠、有效。

(6)每半台播机配备百米流量试验补充盒和接种布袋各一个。地轮转动灵活、摆动偏差小于 3 mm。对应传动链轮在同一平面，传动系工作平稳、传递可靠。

(7)安全设施齐全，播种机夜间作业照明灯光、安全绳、旗、笛可靠。风镜、口罩、工作帽、铁钩子齐全。辅助器械设备齐全，堑杆、堑旗、划线器、步弓子、称、天平、计算器、作业规范、制度、岗位记录、流量测试记录本等。

【任务实施】

一、学生分组，4～5 人一组，就课前准备的农机安全技术检验标准相关知识点进行讨论。

1. 首先根据课前查找到的相关资料，小组内对农机安全技术检验标准进行简要讨论，得出小组内讨论结果。

2. 小组内讨论完毕，每组选出一名代表汇报讨论结果，再进行组间讨论，对于拖拉机、谷物联合收割机等农机安全技术检验标准提出讨论结果，然后由任课教师进行相关指导。

二、教师展示农机安全技术检验标准的相关文件，结合课前收集的相关资料，讨论回答下列问题：

1. 轮式拖拉机安全技术检验标准是什么？
2. 谷物联合收割机安全技术检验标准是什么？
3. 联合整地机技术安全检验标准是什么？

【任务评价】

针对项目实施中的一、二部分，在实施过程中，针对不同的内容，进行小组间评价，指导教师对每组讨论的结果进行指导，最后概括总评，得出正确答案。任务评价表，见附录。

【任务巩固】

1. 农业机械安全技术标准检验的意义是什么？
2. 简要回答轮式拖拉机安全技术检验标准项目有哪些？

任务2 拖拉机、联合收割机安全技术检验

【任务目标】

1. 了解和非牌证管理的农机具安检内容。
2. 掌握拖拉机、联合收割机安全技术检验技术。

【任务准备】

一、资料准备

与本任务相关的教学资料；农机实地安全检验图片或影像资料；任务评价表。

二、知识准备

（一）拖拉机、联合收割机安全技术检验

拖拉机、联合收割机未参加年度检验或者年度检验不合格的，不得继续使用。所有人申领检验合格标志时，应当提交行驶证、上道路行驶的拖拉机交通事故责任强制保险凭证、安全技术检验合格证明。核查合格后，在拖拉机、联合收割机行驶证上签注检验记录，核发检验合格标志。

1. 检验分类

检验分为初次检验、年度检验和临时检验三类。

（1）初次检验。拖拉机、联合收割机注册登记时需要进行的安全技术检验叫注册登记检验。

(2)年度检验。领有号牌、行驶证的拖拉机、联合收割机,从注册登记之日起每年需进行1次安全技术检验,称为年度检验。

(3)临时检验。对事故机械等需要重新认定其安全运行技术性能所进行的检验,称为临时检验。

2. 检验项目

根据国家标准《农业机械运行安全技术条件》(GB 16151—2008),拖拉机、联合收割机的安全技术检验项目包括:

(1)唯一性认定。核对、查验发动机、机身(机架、挂车)号码是否有凿改嫌疑,并核对、查验机型、品牌型号等与相关资料是否一致。

(2)外观检查。检查整机、机架、电器等是否完好。

(3)运转检验。检查发动机、转向系、传动系、制动系等工作是否正常。

(4)制动性能检验。通过路试测定行车制动距离和制动稳定性(采用检测台检测的,需测定轴制动率、轴制动不平衡率和整机制动率),评价制动器是否安全可靠。

(5)前照灯性能检验。测定远光的发光强度和近光的照射位置,主价灯光是否符合安全使用的标准和要求。

(6)烟度检验。测定排气的烟度值,用以评价发动机运转状况。

(7)喇叭声级检验。测定喇叭声级,确定喇叭是否安全有效。

3. 年检前准备工作

(1)对机械进行清洗,必要时重新做漆。对缺失和损坏的部件进行补充和修理,做到车容整洁、设备齐全、机件完好、安全可靠;

(2)对油、水、气、电各部位进行检查,做到不漏油、不漏水、不漏气、不漏电;

(3)检查调整转向系统,确保转向正常;

(4)检查调整离合器、变速器和制动器等及其操纵装置,保证离合、变速、制动正常;

(5)检查灯光、喇叭、仪表、倒车镜,保证安装位置正确,作用正常;

(6)检查轮胎及气压,做到紧固牢靠、气压合适,磨损未超出正常范围。

(二)非牌证管理的农机具安检

机动植保机械、机动脱粒机、饲料粉碎机、插秧机、铡草机等农业机械在进行第一次安全检验时,其所有人应当提供来历证明、农业机械和个人基本信息。具体定期检验间隔由省级人民政府农业机械化主管部门根据当地机械操作使用的实际需要确定。

插秧机安全检验,整机标牌、编号、标记齐全,字迹清晰。各运动件应转动灵活,无碰擦、卡滞现象。静结合面部渗油,动结合面不滴油。各组栽植臂动作一致,曲柄不在链轮轴上窜动。分离针与秧门侧隙大于1.1 mm,两侧一致;秧箱移至两端时,分离针与秧箱侧臂间隙大于0.5 mm。当各分离针取秧量相同并处于最低位置时,针尖高差小于5 mm。纵向送秧10次,送秧轮应旋转一周以上。定位离合器应分离彻底,结合可靠。分离时,分离针尖应停留在指定的位置上,曲柄转角的相位差+13°。各操作手柄灵活可靠,调节机构灵活准确各紧固件牢靠可靠。秧箱与水平角度为±50°,秧箱角度两侧调节平行,不得有扭曲现象。塑料件外形完整、表面光滑整洁。推行器行程及推秧器与分离针间隙达到规定要求。方向盘转动灵活,整机转向角度左右各 60°。发动机功率和耗油符合规定要求。行走轮的轴向间隙和径向窜动符合规定要求。传动箱各传动部位运转灵活、操纵自如，不得有卡滞现象。各滑动齿轮和离合牙嵌应移动灵活，拔叉挡位准确、可靠、齿轮啮合轴向偏差不大于 1 mm，不得有脱挡、乱挡现象。各轴轴向窜动量不大于 1 mm。纵向送秧凸轮应沿键在轴上自由移动，送秧时应保证两轮接触宽度不小于凸轮厚度的 80%。栽植臂曲柄转动和推秧器移动自如，密封可靠。推秧凸轮与拔叉的轴向偏差不大于 1 mm。栽植臂上轴承不松旷，分离针双向自由摆动量不大于 3 mm。

【任务实施】

（一）学生分组，4～5 人一组，就课前准备的拖拉机、联合收割机安全技术检验相关知识点进行讨论。

1. 首先根据课前收集的相关资料，小组内对拖拉机、联合收割机安全技术检验和非牌证管理的农机具安检进行简要讨论，得出小组内讨论结果。

2. 小组内讨论完毕，每组选出一名代表汇报讨论结果，再进行组间讨论，对于拖拉机、联合收割机安全技术检验和非牌证管理的农机具安检得出讨论结果，然后由任课教师进行相关指导。

（二）教师展示相关拖拉机、联合收割机安全技术检验图片或视频资料，结合课前收集的相关资料，讨论回答下列问题：

1. 拖拉机、联合收割机安全技术检验分哪几类？
2. 拖拉机、联合收割机的安全技术检验项目包括哪些？
3. 如何对非牌证管理的农机具安检？

【任务评价】

针对[任务实施]中的（一）、（二）部分，在实施过程中，针对不同的内容，进行小组间评价，指导教师对每组讨论的结果进行指导，最后概括总评，得出正确答案。任务评价表，见附录。

【任务巩固】

1. 拖拉机、联合收割机的安全技术检验项目包括哪些？
2. 拖拉机、联合收割机年检前准备工作有哪些？
3. 如何对非牌证管理的农机具安检？

项目 3

农业机械事故与处理

【项目描述】

随着农业机械的大量增加，农机安全事故隐患进一步凸显，农机安全生产形势更加严峻。据统计，上道路行驶的农机发生交通事故的起数占整个交通事故的10%以上。另外，在农田、场院、机耕道路，以及乡村道路上发生的农机事故也是屡见不鲜，严重威胁着广大人民群众生命财产的安全。

此项作业的目的就是通过农业机械事故与处理介绍，认知农业机械事故处理方法、认知农机事故预防方法，进而减少和避免农机事故的发生。

本项目分为农业机械事故处理、农机事故预防共2个工作任务。

通过本项目的训练，认知农业机械事故处理和农机事故预等工作内容；熟悉农机事故处理流程；掌握农机事故预防方法；培养学生认真严谨踏踏实实的工作态度以及同学间沟通协作能力。

任务1 农机事故处理

【任务目标】

1. 了解农机事故接警。
2. 掌握农机事故处理流程。

【任务准备】

一、资料准备

与本任务相关的教学资料；农业机械事故处理相关图片或影像资料；任务评价表。

二、知识准备

农业机械事故，是指农业机械在作业或者转移等过程中造成人身伤亡、财产损失的事件。农机事故分为特别重大农机事故、重大农机事故、较大农机事故和一般农机事故：

特别重大农机事故，是指造成30人以上死亡，或者100人以上重伤的事故，或者1亿元以上直接经济损失的事故；重大农机事故，是指造成10人以上30人以下死亡，或者50人以上100人以下重伤的事故，或者5 000万元以上1亿元以下直接经济损失的事故；较大农机事故，是指造成3人以上10人以下死亡，或者10人以上50人以下重伤的事故，或者1 000万元以上5 000万元以下直接经济损失的事故；一般农机事故，是指造成3人以下死亡，或者10人以下重伤，或者1 000万元以下直接经济损失的事故。

2014年，全国累计报告在国家等级公路以外的农机事故1 744起，死亡300人，受伤556人。其中拖拉机事故720起、死亡223人、受伤294人；联合收割机事故843起、死亡50人、受伤193人；其他农业机械事故181起、死亡27人、受伤69人。例如，2014年1月16日14时许，广西壮族自治区柳州市融水苗族自治县村民潘某，驾驶小型多功能拖拉机，司乘人员共10

人，在拉砂途中，拖拉机从之字弯上方公路翻下约 20 m 高的下方公路，造成 4 人(3 男 1 女)当场死亡，6 人(5 男 1 女)不同程度受伤，拖拉机严重损毁。

(一)农机事故处理常识

发生农机事故后，农机操作人员和现场其他人员应当立即停止农业机械作业或转移，保护现场，并向事故发生地县级农机安全监理机构报案；造成人身伤害的，还应当立即采取措施，抢救受伤人员；造成人员死亡的，还应当向事故发生地公安机关报案。因抢救受伤人员变动现场的，应当标明事故发生时机具和人员的位置。

发生农机事故，未造成人身伤亡，当事人对事实及成因无争议的，可以在就有关事项达成协议后即行撤离现场。

发生农机事故后当事人逃逸的，农机事故现场目击者和其他知情人应当向事故发生地县级农机安全监理机构或公安机关举报。接到举报的农机安全监理机构应当协助公安机关开展追查工作。

接到事故现场报案的，县级农机安全监理机构应当立即派人勘查现场，并自勘查现场之时起 24 h 内决定是否立案。

事故处理文书包括：农机事故案件登记表、农机事故认定书(简易程序)、农机事故不予立案(调解)通知书、移送(交)案件通知书、农机事故立案登记表、扣押决定书、农机事故抢救费支付(垫付)通知书、农机事故认定书、农机事故认定复核受理通知书、农机事故认定复核不予受理通知书、农机事故认定复核结论、农机事故损害赔偿调解通知书和农机事故损害赔偿调解终结书等文书。

(二)农机事故处理流程

1. 事故受理

农机安全监理机构接到事故报案，记录下列内容：报案方式、报案时间、报案人姓名、联系方式，电话报案的还应当记录报案电话；农机事故发生的时间、地点；人员伤亡和财产损失情况；农业机械类型、号牌号码、装载物品等情况；是否存在肇事嫌疑人逃逸等情况。

2. 勘察处理

组织抢救受伤人员；保护、勘查事故现场，拍摄现场照片，绘制现场图，采集、提取痕迹、物证，并制作现场勘查笔录；对涉及易燃、易爆、剧毒、易腐蚀等危险物品的农机事故，应当立即报告当地人民政府，并协助做好相关工作；对造成供电、通信等设施损毁的农机事故，应当立即通知有关部门处理；确定农机事故当事人、肇事嫌疑人，查找证人，并制作询问笔录；登记和保护遗留物品。

3. 事故认定

农机安全监理机构在进行事故认定前，应当对证据进行审查，符合规定的证据，可以作为农机事故认定的依据，不符合规定的，不予采信。证据是否是原件、原物，复印件、复制品与原件、原物是否相符；证据的形式、取证程序是否符合法律规定；证据的内容是否真实；证人或者提供证据的人与当事人有无利害关系。

经核查无法证明农机事故事实存在，或不在管辖范围内的，农机安全监理机构应当制作农机事故不予立案(调解)通知书,注明理由,送达当事人。当事人申请调解超过法定时限、对农机事故认定有异议或者各方当事人未共同申请调解的,农机安全监理机构应当制作农机事故不予调解通知书,说明不予调解的理由和依据,送达当事人。农机安全监理机构经核查不属于农机事故或不属于管辖范围,以及需移送公安机关依法对肇事者追究刑事责任时,将案件或案件卷宗移送(交)相关部门时使用移送(交)案件通知书。

农机安全监理机构决定对农机事故进行立案调查时使用机事故立案登记表:"事故地点"应当填写发生事故的地理方位或农田、场院的正式名称;"报案内容"应当填写报案人报案的方式和报案的基本情况;"初步调查内容"应当填写办案人根据现场勘查及现场调查,初步查明事故的基本情况;"办案人意见"应当填写办案人根据初步调查情况,提出是否立案的意见;"领导批示意见"应当填写农机安全监理机构负责人是否同意立案的决定。

农业机械化主管部门对肇事后企图逃逸的、拒不停止存在重大事故隐患农业机械的作业或者转移的当事人,扣押农业机械及证书、牌照、操作证件等时使用扣押决定书和扣押物品清单。"驾驶(所有)的"后横线填写农业机械名称;"及"后横线填写证书、牌照、操作证件等;"扣押期限为"后横线填写扣押的具体期限,扣押期限不超过 30 日;情况复杂的,经农业机械化主管部门负责人批准,可延长最多不超过 30 个工作日。扣押期限不包括检验或鉴定的时间。扣押决定书加盖负责事故处理的农业机械化主管部门公章。

扣押物品清单应当对物品的名称、规格、数量等做清楚记录,必要时应当对登记物品拍照。当事人领取扣押物品应当签名并签注日期。扣押物品清单一式两份,经当事人和两名事故处理人员共同签名后,由当事人和行政机关分别保存。当事人拒绝签名的,应当注明。

农机安全监理机构应当依据以下情况确定当事人的责任:因一方当事人的过错导致农机事故的,该方当事人承担全部责任;因两方或者两方以上当事人的过错发生农机事故的,根据其行为对事故发生的作用以及过错的严重程度,分别承担主要责任、同等责任和次要责任;各方均无导致农机事故的过错,属于意外事故的,各方均无责任;一方当事人故意造成事故的,他方无责任。

农机事故认定书载明以下内容:事故当事人、农业机械、作业场所的基本情况;事故发生的基本事实;事故证据及事故成因分析;当事人的过错及责任或意外原因;当事人向农机安全监理机构申请复核、调解和直接向人民法院提起民事诉讼的权利、期限;做出农机事故认定的农机安全监理机构名称和农机事故认定日期。

农机事故认定书应当由事故处理员签名或盖章,加盖农机事故处理专用章,并在制作完成之日起 3 日内送达当事人。当事人有农机安全违法行为的,农机安全监理机构应当在做出农机事故认定之日起 5 日内,依照《农业机械安全监督管理条例》做出处罚。

农机事故肇事人构成犯罪的,农机安全监理机构应当在人民法院做出的有罪判决生效后,依法吊销其操作证件;拖拉机驾驶人有逃逸情形的,应当同时依法做出终生不得重新取得拖拉机驾驶证的决定。

【任务实施】

一、学生分组,4～5 人一组,就课前准备的农机事故处理进行讨论。

1. 首先根据课前查找到的相关资料,小组内对农机事故处理进行简要讨论,得出小组内讨论结果。

2.小组内讨论完毕，每组选出一名代表汇报讨论结果，再进行组间讨论，对于农机事故处理提出讨论结果，然后由任课教师进行相关指导，得出正确结论。

二、教师展示农机事故处理相关实物及表格，结合课前收集的相关资料，讨论回答下列问题：

1.模拟农机事故发生的情境，做接案登记表格填写。

2.根据教学资料图片，做现场勘察记录。

3.结合农机事故案例，做责任认定处理。

【任务评价】

针对项目实施中的一、二部分，在实施过程中，针对不同的内容，进行小组间评价，指导教师对每组讨论的结果进行更正指导，最后由概括总评，给出正确答案。任务评价表，见附录。

【任务巩固】

1.发生农机事故后，应并向事故发生地县级________________机构报案。

2.发生事故后当事人逃逸的，逃逸的当事人承担________________责任。

3.事故处理文书中除____________、____________、____________等必须使用阿拉伯数字外，应当使用____________。

4.参加农机事故调解的当事人一方不得超过________人。

5.解达成协议后当事人反悔的，可以依法向____________提起____________。

任务2　农机事故预防

【任务目标】

1.了解农机事故的分类。

2.掌握农机事故预防与排查。

【任务准备】

一、资料准备

与本任务相关的教学资料，农业机械事故预防相关图片或影像资料；任务评价表。

二、知识准备

建立健全事故应急体系，加强农机事故应急管理和处置工作。坚持“以人为本、属地管理、预防为主”的原则，认真做好农机事故应急管理和处置工作。要坚持以人为本原则，把保障人民群众生命财产安全作为出发点和着力点，提早预警、及时响应、科学应对、有效处置，最大限度地预防和减少农机事故造成的人员伤亡。要坚持属地管理原则，在地方人民政府领导下，与其他相关部门通力合作，按照各自职责和权限，做好应急管理和应急处置工作。要坚持预防为主原则，切实贯彻落实“安全第一、预防为主、综合治理”的方针，强化事故预防与做好应急处置工作相结合，加强安全宣传与教育培训，做好农机事故的预防、预测、预警和预报工作。

各级农机化主管部门应加强对农机事故隐患的排查，对可能引发农机事故的隐患和苗头，进行全面评估和预测，做到早发现、早报告、早解决。有条件地区要建立农机事故的预测评估系统，对事故隐患发展态势及其影响进行综合分析预测。农机安全监理机构应及时将可能引发农机事故的险情或者其他灾害、灾难可能引发事故的重要信息，报送上级农机安全监理机构和同级农机化主管部门，提出预警建议。各级农机化主管部门在接到可能导致农机事故的信息后，要组织农机监理机构按照应急预案及时研究确定应对方案，采取相应行动预防事故发生。推广应用农业机械机身反光标识、安全防护罩、动力自动切离、灯光照明等农机安全技术，预防和减少农机事故的发生。

(一)农机事故按农业机械类型分类

大中型拖拉机，指发动机额定功率为 14.7 kW 以上的拖拉机发生的事故；小型方向盘式拖拉机，指发动机额定功率为 14.7 kW 以下的方向盘式拖拉机(包括手扶变型运输机：指发动机标定功率不大于 14.7 kW，采用手扶拖拉机底盘，将扶手把改成方向盘，与挂车连在一起组成的折腰转向式运输机组)发生的事；手扶式拖拉机，指手扶式拖拉机发生的事故；联合收割机，指各类自走式联合收割机发生的事故；其他农业机械，指除上述农业机械之外的其他农业机械发生的事故。

(二)农机事故按原因分类

无证驾驶，指农业机械驾驶人没有领取驾驶证而驾驶农业机械，或持有已经失效的驾驶证驾驶农业机械及驾驶与驾驶证准驾机型不相符合的农业机械造成事故的；酒后驾驶，指饮酒、醉酒后驾驶农业机械造成事故的；违法载人，指农业机械驾驶操作人违反交通法规和农机安全法规载人造成事故的；操作失误，指由于疏忽、判断错误及措施不当造成事故的；无牌行驶，指农业机械没有领取农机安全监理机构核发的号牌和行驶证或号牌、行驶证已经失效造成事故的；未年检，指农业机械未按规定参加年度检验造成事故的；超速超载，指超过道路交通法规和农机安全法规规定的速度驾驶农业机械或超过农业机械设计规定的载质量(牵引力)搭载物体造成事故；机件失灵、设施不全，指农业机械的机件磨损、断裂、调整不当，导致机件失去原有的功效等原因造成事故的；其他，指除上述原因外其他原因造成事故的。

(三)农机事故按相关因素分类

驾龄，指从领取驾驶证的当年起，驾驶人取得驾驶资格的年限，驾龄 3 年以下，指驾龄不满 3 年驾驶农业机械发生事故的，驾龄 3 年以上，指驾龄在 3 年以上驾驶农业机械发生事故的；时段，8:00～20:00，指从 8:00 至 20:00 之间发生农机事故的，20:00～8:00，指从 20:00 至 8:00之间发生农机事故的；天气，晴天，指在晴天发生农机事故的，雨雪雾天，指在雨天、雪天和雾天发生农机事故的。

(四)农机事故预防与排查

1. 拖拉机、联合收割机事故排查

号牌、行驶证、年检记录检查；机车行走系、转向系、制动系等各系统状态检验。

2. 驾驶员及操作人员事故预防排查

无证驾驶；酒后驾驶；违规载人；病态或疲劳驾驶。

3. 其他农机事故预防

完备可靠的安全防护装置，安全警示标志和中文警示说明的完好、有效；配备有效的消防器材；作业人员扣紧纽扣，扎紧衣袖，妇女应戴工作帽，发辫不应外露；农机具的技术状态正确、良好；作业时，人体不能接触运转部位，不能从传动皮带以及传动轴上、下方穿越。行驶中，不应追随、攀爬或跳车；在夜间加油时，应使用安全防爆照明灯；拖拉机牵引车辆，一台拖拉机只准牵引一辆，并低速行驶，其后不应再挂接农具或者挂车；牵引制动器失灵车辆时应采用硬连接方式，转向器失灵的车辆不应牵引；同一类型的自走式农业机械可以互相牵引，小功率的不应牵引大功率的，轻便式自走农业机械不应牵引履带式自走农业机械；用电动机作动力的机械设备、电器及其他用电设备的操作与维护，必须由持有电工操作证的专业技术人员操作，应遵守有关农村安全用电规定。

【任务实施】

一、学生分组，4～5人一组，就课前准备的农机事故预防知识点进行讨论。

1. 首先根据课前查找到的相关资料，小组内对农机事故预防意义进行简要讨论，得出小组内讨论结果。

2. 小组内讨论完毕，每组选出一名代表汇报讨论结果，再进行组间讨论，对于农机事故预防提出讨论结果，然后由任课教师进行相关指导，得出正确结论。

二、教师展示农机事故预防相关图片或视频，结合课前收集的相关资料，讨论回答下列问题：

1. 农机事故发生的种类及原因有哪些？
2. 农机事故发生的影响因素有哪些？
3. 农机事故如何预防与排查？

【任务评价】

针对项目实施中的一、二部分，在实施过程中，针对不同的内容，进行小组间评价，指导教师对每组讨论的结果进行更正指导，最后由概括总评，给出正确答案。任务评价表，见附录。

【任务巩固】

1. 农机事故发生的种类及原因有哪些？
2. 农机事故发生的影响因素有哪些？
3. 农机事故如何预防与排查？

模块九　农机社会化服务

项目 1　认知农机社会化服务

项目 2　认知农机跨区作业

项目 1

认知农机社会化服务

【项目描述】

农机社会化服务是构建“集约化、组织化、专业化、社会化”相结合的新型农业经营体系的重要支撑，是解决农业生产“谁来种、种什么、怎么种”重大问题的现实途径，是实现农业机械化“全程、全面、高质、高效”发展的必然要求，对加快建设中国特色农业现代化具有重要意义。各级农机化主管部门要进一步提高推进农机社会化服务的重要性和紧迫性的认识，抢抓机遇，迎接挑战，改革创新，完善机制，进一步明确工作任务，落实保障措施，优化发展环境，大力推进农机社会化服务持续快速健康发展。

此项作业的目的就是通过农机社会化服务和农机合作社介绍，认知农机社会化服务的主要任务、农机合作社的成立条件、认知农机合作社的职责与义务，进而解决农机社会化服务实际问题。

本项目分为认知农机社会化服务建设、认知农机跨区作业共 2 个工作任务。

通过本项目的训练，认知农机社会化服务等工作内容；熟悉农机社会化服务的主要内容、农机合作社的成立条件和职责与义务；掌握农机合作社运营合同；培养学生认真严谨踏踏实实的工作态度以及同学间沟通协作能力。

任务 1　认知农机社会化服务建设

【任务目标】

1. 了解农机社会化服务的概述。
2. 掌握农机社会化服务的主要任务。

【任务准备】

一、资料准备

《农业部关于大力推进农机社会化服务的意见》原件、农机社会化服务相关文件、任务评价表等与本任务相关的教学资料。

二、知识准备

改革开放以来，我国农机户和农机服务组织迅速发展，农机社会化服务能力持续提升，服务方式不断创新，服务效益进一步提高，探索了一条中国特色农业机械化发展道路。但总的来看，我国农机社会化服务还存在服务主体实力不强、服务范围较窄、专业人才缺乏、基础条件薄弱等突出问题，与广大农民群众对农机社会化服务的多样化需求和现代农业发展需要尚有明显差距。

(一)农机社会化服务概述

农机社会化服务是指农机服务组织、农机户为其他农业生产者提供的机耕、机播、机收、排灌、植保等各类农机作业服务，以及相关的农机维修、供应、中介、租赁等有偿服务的总称。农机社会化服务与农机化公共服务相互结合、相互补充，分别为农业生产提供了经营性、公益性的农机化服务，共同构成了推进农业机械化发展的重要力量。农机社会化服务是农业社会化服务的重要内容。

(二)农机社会化服务总体要求

1. 指导思想

认真贯彻党的十八大和中央1号文件精神，围绕建设现代农业和促进农民增收、创新农业经营体制的目标任务，以发展和壮大农机大户、农机合作社等各类农机服务组织为重点，以提高农机具使用效率和经济效益为核心，以推进农机服务产业化为方向，积极推动农机社会化服务机制创新，构建新型农机社会化服务体系，最大限度满足农民实际需求，最大限度解放发展农业生产力，最大限度增强农村发展活力。

2. 基本原则

坚持把满足农业生产和农民需求、提高机具使用效率，作为推进农机社会化服务的根本目的；坚持把强化政策扶持、培育壮大服务主体，作为推进农机社会化服务的关键举措；坚持把改革创新、不断完善服务机制，作为推进农机社会化服务的不竭动力；坚持把典型示范带动、鼓励多种服务方式发展，作为推进农机社会化服务的有效途径；坚持把依法规范发展、营造公平竞争的市场环境，作为推进农机社会化服务的重要保障。

3. 发展目标

农机社会化服务的市场主体进一步壮大、服务领域进一步拓展、服务质量进一步提升、服务效益进一步提高，推动农业机械化“全面、全程、高质、高效”发展。力争到2020年，全国拥有农机原值50万元以上的农机大户及农机服务组织的数量、全国农机化经营总收入均比2010年翻一番。

(三)农机社会化服务主要任务

1. 培育新型农机社会化服务主体

建立以财政资金为引导，农民个人、农业生产经营服务组织投资为主体，社会其他投资为补充的多渠道、多层次、多元化投入机制，扶持发展新型农机社会化服务主体。扶持农机户发展成为农机专业户，引导农机户和农户采取带机具、土地、资金、技术入社等多种方式创建农机合作社等服务实体。鼓励一部分具有实力的农机合作社流转承包土地，开展包括粮食烘干、农产品加工等在内的“一条龙”农机作业服务项目，成为既提供农机作业服务又从事农业生产经营的市场主体。积极推动农机服务主体开展横向联合与纵向协作，成立农机合作社联社、股份制作业公司、区域性农机服务中心、农机租赁公司等。

2. 构建新型农机社会化服务体系

以农机户为基础，农机服务组织为主体，农机中介服务为纽带，农机作业、维修、供应、中介、租赁服务为主要内容，政府支持服务为保障，建立起“覆盖全程、服务全面，机制灵活、运转高效，综合配套、保障有力”的新型农机社会化服务体系。培育农机作业市场，通过跨区作业、土地托管等服务模式，鼓励各类农机服务市场主体为其他农业生产者提供低成本、便利化、全方位、高质量的农机作业服务。培育农机维修市场，加快构建布局合理、服务规范、便捷高效的农机维修服务网络。培育农机供应市场，优化市场布局，发展连锁经营和电子商务，健全遍布城乡的农机零配件供应网络。发展农机中介服务，开展跨区作业信息咨询和机具调度，为农机服务供需双方搭建沟通桥梁。发展农机租赁服务，满足农民对农机的利用和投资需求。

3. 完善新型农机社会化服务机制

按照服务专业化、运行市场化、服务品牌化的要求，通过市场机制合理配置生产要素，建立起“产权清晰、权责明确、管理科学、诚信高效”的运行机制，充分发挥农机服务组织的生产潜力和经营活力。将国家对农机合作社的投入量化到每位入社成员，并按贡献进行分红，建立起合理公平、效率优先的分配机制，充分调动每一位社员的积极性、主动性和创造性。尊重社员参与管理的民主权利，将每个农机合作社建设成为自主决策、利益共享、风险共担、自我发展的利益共同体和命运共同体。

4. 培养新型农机社会化服务人才

按照“政策扶持、多元投入、按需施教、注重实效”的原则，切实加强农机实用人才队伍建设。实施阳光工程农机培训，加强农机职业技能鉴定，开展职业技能竞赛活动，培养造就一大批既精通农机驾驶、维修技术，又懂农业、农艺栽培技术的新型农机手。充分利用高等院校、农机企业等各类培训资源，重点加强农机合作社等农机服务组织领头人的培训，使之成为既懂生产又善管理的新型农机职业经理人。争取优惠政策，吸引大中专毕业生、专业技术人员等扎根农村、投身农机化，为农机社会化服务提供人才支撑。

(四)农机社会化服务保障措施

1. 加强组织领导

要坚持把农机社会化服务作为农业机械化发展的重要内容，列入重要议事日程，明确分管机构和职责，充实人员力量，研究制定并落实推进农机社会化服务的相关政策。制定新型农机服务主体的认定标准，并开展摸底调查，因地制宜制定农机社会化服务发展规划。积极争取当地政府的重视和支持，把农机社会化服务纳入本地农机化工作目标考核内容，列入当地经济发展统计指标体系。

2. 完善扶持政策

要加强与财政、国土、金融、保险等相关部门和机构的协调，加大扶持力度。积极推动已有扶持政策的落实，同时创设新的政策扶持措施。争取将扶持农机社会化服务的投入纳入地方财政预算，建立稳定的投入机制。采取政府订购、定向委托、奖励补助、招投标等方式，引导农机服务组织参与公益性服务。鼓励引导农机社会化服务组织发展，争取金融机构为其提供融资贷款支持，同时争取将农机保险纳入农业政策性保险补贴范围。加强农机具停放场(库棚)、维修间等基础设施建设用地需求调查和规划工作，进一步落实设施农用地管理有关政策，不断改善农机具保养和维修条件。

3. 强化发展合力

要加强农机化系统内部协作，整合有关项目资源，形成共同推进农机社会化服务的强大合力。在已有的农机化财政项目和基本建设项目中，要鼓励农机服务组织作为项目的承担和实施主体，并将农机购置补贴、报废更新补贴、农机培训、作业补贴等项目资金向农机服务组织倾斜，优先安排，集中使用。加强与通信、石油石化等企业合作，为农机社会化服务组织提供信息和用油供应等多种优惠服务。积极推进农机企业、科研院所与农机合作社开展“企社共建”、“院社共建”，实现合作共赢。

4. 做好示范引导

要及时总结农机社会化服务的成效和经验，树立一批“设施完备、功能齐全、特色明显、效益良好”的农机社会化服务示范典型。继续开展全国、省级农机合作社、维修点等示范社（点）创建，加强农机社会化服务品牌建设。建立健全农机社会化服务挂钩帮扶机制，配备专职辅导员，履行宣传指导、咨询服务和统计监测等职责。开展农机社会化服务的标准化建设，提高规范高效服务水平。进一步加强新闻宣传和示范引导，为农机社会化服务营造良好的发展氛围。

5. 改善市场环境

要研究制定农机社会化服务的行为规范和技术标准，让各个市场主体公平参与竞争。建立健全农机化质量投诉监督体系，及时受理和处理对农机产品质量、作业质量、维修质量以及售后服务质量的投诉。利用现代信息技术和装备，做好农机服务的市场供需、作业价格等信息的采集、统计和分析工作，并及时向社会发布。支持开展农机社会化服务信用体系建设和信用等级、服务能力评价，对信誉高、服务好、守信用的农机大户、农机服务组织予以列名支持。要采取更加有效措施，推动建立“统一开放、竞争有序”的农机社会化服务市场。

【任务实施】

一、学生分组，4～5 人一组，就课前准备的农机社会化服务相关知识点进行讨论。

1. 首先根据课前收集的相关资料，小组内对农机社会化服务的概述进行简要讨论，得出小组内讨论结果。

2. 小组内讨论完毕，每组选出一名代表汇报讨论结果，再进行组间讨论，对于农机社会化服务的总体要求和主要任务得出讨论结果，然后由任课教师进行相关指导，得出的全面的结论。

二、教师展示农机社会化服务的相关图片或视频资料，结合课前收集的相关资料，讨论回答下列问题：

1. 农机社会化服务的概念是什么？

2. 农机社会化服务的基本原则有哪些？

3. 农机合作社的主要任务有哪些？

【任务评价】

针对项目实施中的一、二部分，在实施过程中，针对不同的内容，进行小组间评价，指导教师对每组讨论的结果进行指导，最后概括总评，得出正确答案。任务评价表，见附录。

【任务巩固】

1. 农机社会化服务的概念是什么？

2. 简述农机社会化服务的总体任务。

3. 简述农机社会化服务的主要任务。

4. 简述农机社会化服务的社会保障措施。

任务 2　认知农机合作社

【任务目标】

1. 了解农机合作社的成立条件。

2. 掌握农机合作社的主要任务、农机合作社运营合同。

【任务准备】

一、资料准备

《农民专业合作社法》原件、当地某一农机合作社的章程、一份签订好的农机合作社运营合同、任务评价表等与本任务相关的教学资料。

二、知识准备

农机合作社是依法成立的以农机服务为主的农民专业合作社。以服务成员为宗旨，遵循着“入社自愿、退社自由”的原则为合作社成员和其他个人或团体提供服务的组织。其成立目的是共同探索农机发展方向，扩大农机发展规模，提高农机经济效益。只有了解农机合作社的相关知识，才可以在以后的工作中灵活运用。

(一)农机合作社概述

农机专业合作社是按照《农民专业合作社法》《农民专业合作社登记管理条例》《农民专业合作社示范章程》和有关法律、法规、制定本章程，依法成立的以农机服务为主的农民专业合作社。以服务成员为宗旨，遵循着“入社自愿、退社自由”的原则为合作社成员和其他个人或团体提供服务的组织。

(二)农机合作社成立的条件

1. 有 5 名以上符合《中华人民共和国农民专业合作社法》的成员

成员要求为具有民事行为能力的公民，以及从事机械化生产作业等生产经营活动的企业、事业单位或者社会团体，能够利用农机合作社提供的服务，承认并遵守农机合作社章程，履行章程规定的入社手续的，可以成为本社的成员。但是，具有管理公共事务职能的单位不得加入本社。农机合作社应当置备成员名册，并报登记机关。

农机合作社的成员中，农民至少应当占成员总数的 80%。成员总数 20 人以下的，可以有一个企业、事业单位或者社会团体成员；成员总数超过 20 人的，企业、事业单位和社会团体成员不得超过成员总数的5%。

2. 有符合法律规定的章程

农机合作社章程是依照《农民专业合作社法》《农民专业合作社登记管理条例》《农民专业合作社示范章程》和有关法律、法规而制定。目的为了保护成员的合法权益，增加成员收入，促进本社发展。具体内容如下：

(1)农机合作社章程中需写明该社由哪些人发起、什么时间召开大会成立、合作社名称，成员出资总额、法定代表人、住所，邮编等信息。

农机合作社以服务成员、谋求全体成员的共同利益为宗旨。成员入社自愿，退社自由，地位平等，民主管理，实行自主经营，自负盈亏，利益共享，风险共担，盈余主要按照成员出资比例、作业量或交易量(额)比例返还。

(2)农机合作社以从事农业生产和各类农机作业服务的农民为主体，主要业务内容是：组织机械化生产、收割和农产品初加工，土地流转及托管，为合作社成员提供信息、技术、维修、培训、咨询等服务。

(3)农机合作社对由成员出资、公积金、国家财政补助、他人捐赠以及合法取得的其他资产所形成的财产，享有占有、使用和处分的权利，并以上述财产对债务承担责任。

(4)农机合作社每年提取的公积金，按照成员的出资、作业量或交易量(额)依比例量化为每个成员所有的份额。国家财政补助、他人捐赠所形成的财产平均量化为每个成员所有的份额，作为可分配盈余依据之一。

(5)农机合作社遵守国家的法律法规，接受项城市农机主管部门的技术指导和协调，组织实施国家支持的农业和农村经济建设项目；兴办与本社相关的经济实体，以本社全部资产承担责任。

3. 有符合法律规定的组织机构

农机合作社设立成员(代表)大会、理事会、监事会。

(1)成员(代表)大会是本社的最高权力机构，由全体成员组成。召开成员大会有困难时，可召开成员代表大会，履行成员大会职权。本社成员达到150人以上，每10名成员选举产生一名成员代表。成员代表任期3年，可以连选连任。

(2)理事会是本社的执行机构，理事由成员大会选举产生。理事会由5名成员组成，设理事长一名，副理事长1名。理事长和理事会任期3年，可连选连任。

(3)本社设监事会(或者执行监事一名)，代表全体成员监督检查理事会和工作人员的工作(注：人数较少的农机专业合作社可只设执行监事)。监事(执行监事)由成员大会(代表)选举产生。监事会由3名监事组成，选举监事长一名。监事长和监事任期2年，可连选连任。监事长(执行监事)列席理事会会议。

4. 有符合法律、行政法规规定的名称和章程确定的住所

5. 有符合章程规定的成员出资

本社成员可以用货币出资，也可以用农机具等实物、技术或其他财产权利作价出资。作价出资须由全体成员评估。作价出资与货币出资享有同等权利和承担相同义务。每位成员出资额不得超过本社出资总额的20%，农机作业服务成员的出资额应当占本社出资总额的50%以上。

(三)农机合作社的职责与义务

(1)认真贯彻落实执行党的方针、政策、法律、法规,制订合作社和农机生产经营计划和发展规划,并负责组织实施。

(2)主任对农机服务合作社负责接受常务理事会的监督,并定期向全体社员代表大会汇报工作。

(3)负责农机服务合作社的日常工作,确保农机作业任务和全社发展目标完成。

(4)负责承揽制定农机作业任务,提出利润分配方案。

(5)提出完成任务的机械台数、人员配备方案。

(6)有生产经营管理决策指导权。

(7)依法奖惩农机服务合作社的干部职工。

(8)对机收进行技术培训、安全教育及法律法规的宣传教育工作。

(四)农机合作社的主要任务

(1)组织农机个体经营者进行技术交流,共同探索农机发展方向,扩大农机发展规模,争创农机经济效益。

(2)加强社员业务联系,组织社员承揽农机作业任务,帮助社员增加农机经济效益。

(3)保护社员合法权益,当社员权益受到侵犯时,合作社将以法组织协调,以保护农机合作社成员的合法权益和利益。

(4)加强农机信息传递,组织技术培训和技术服务,帮助社员提高业务技术水平。

(五)农机合作社运营合同

×××农机专业合作社

农机社会化服务作业合同

甲方:______________________________

乙方:______________________________

经协商,在平等互利、保证双方权益的基础上,甲方为乙方提供农业机械作业服务。双方签订如下条款:

1. 作业内容

(1)甲方负责向乙方提供________台开展____________作业服务。

(2)具体作业地点:________省________市________镇(乡)________村________组。

(3)作业面积:________亩(1 亩=666.7 米^2)。

(4)作业时间商定为______年____月____日至______年____月____日

2. 作业费标准及结算方式

(1)作业服务费标准按________元/亩计算,共计:________元。

(2)结算方式:每天作业完成后,乙方要当场确认并按作业量核算作业服务费。乙方为个人的应当当天以现金足额向甲方支付作业费;乙方为农场或合作社等单位的可办理银行支付,并在作业任务全部完成后下一个工作日内办理完毕银行支付手续。或双方协商收费方式:________。

(3)双方对作业面积有异议时,按双方实际丈量作业面积计算。

3. 双方的权利和义务

(1)甲方要按合同要求准时到乙方指定的作业地点开展作业服务。

(2)甲方要保证投入作业服务的农业机械技术状态良好,驾驶操作人员具备合法的资格,按照操作规程作业,确保安全生产。

(3)甲方应按照农艺要求保证作业质量,作业质量应当符合国家或地方标准要求。无国家和地方标准的作业项目,可结合当地实际,由甲方当场示范作业标准,或由双方协商确定作业标准如下:____________________。

(4)甲方为作业地县域范围外的,乙方应事先告知作业服务地的地理位置、作业环境、种植规格、道路交通状况及风俗习惯等相关情况。

(5)为了保证甲方顺利开展作业,乙方应为甲方提供如下便利条件:____________

(6)如签订合同时没有商定作业时间,乙方应在作业时间确定后,提前______天通知甲方。

4. 违约责任

(1)任何一方违约所造成的损失,均由违约方负责赔偿。

(2)如果一方需要变更或终止作业合同的,应在作业初始时间前15天通知对方,并征得对方同意后方可变更或终止作业合同。给对方造成直接经济损失的,提出方应赔偿损失。赔偿金额为保证金的2倍,或由双方商定违约赔偿金________元。

(3)因天气等不可抗力或者其他意外事件使得本合同无法履行的,可以解除本合同,双方不承担违约责任。遭受不可抗力、意外事件的一方如部分不能履行本合同或延迟履行本合同的,应当自不可抗力、意外事件消除之日起5日内,将事件情况以书面形式通知另一方,并于事件消除之日起20日内,向另一方提交导致其全部或部分不能履行或延迟履行的合法证明。

5. 其他事宜

(1)一方变更通信地址或联系方式,应自变更之次日通知对方,否则变更方对由此造成的一切后果承担责任。

(2)未尽事宜,甲、乙双方经协调一致可另签定补充协议,其法律效力同本合同。

(3)为保证合同履行,双方同意由________为鉴证方,各交纳保证金________元由鉴证方保管,作业任务结束后退还,或作为违约方赔偿金。

(4)甲、乙双方发生纠纷,可向作业地农机管理等部门或鉴证方申请调解,也可向合同仲裁机构或人民法院提出仲裁或诉讼。

(5)本合同一式叁份,甲方、乙方和鉴证方各执一份,经叁方签字(盖章)后生效,具有同等法律效力,单方更改无效。

(6)本合同有效期自______年____月____日至______年____月____日。

鉴证方:(盖章)	负责人身份证号:
联系地址:	联系电话:
甲方: (盖章)	负责人身份证号:
联系地址:	联系电话:
乙方: (盖章)	负责人身份证号:
联系地址:	联系电话:

______年____月____日

【任务实施】

一、学生分组，4～5 人一组，就课前准备的农机合作社相关知识点进行讨论。

1. 首先根据课前收集的相关资料，小组内对农机合作社的认知进行简要讨论，得出小组内讨论结果。

2. 小组内讨论完毕，每组选出一名代表汇报讨论结果，再进行组间讨论，对于农机合作社的成立条件、责任义务和运营合同得出讨论结果，然后由任课教师进行相关指导，得出的全面的结论。

二、教师展示农机合作社的相关图片或视频资料，结合课前收集的相关资料，讨论回答下列问题：

1. 农机合作社成立成员的要求有哪些？

2. 农机合作社成立的组织机构有哪些，以及各机构的性质？

3. 农机合作社的责任与义务是什么？

4. 合同中规定的作业内容有哪些？

【任务评价】

针对项目实施中的一、二部分，在实施过程中，针对不同的内容，进行小组间评价，指导教师对每组讨论的结果进行指导，最后概括总评，得出正确答案。任务评价表，见附录。

【任务巩固】

1. 农机合作社的成员要求有哪些？

2. 简述农机合作社主要职责。

3. 农机合作社的主要任务有哪些？

4. 农机作业合同中具体的结算方式是什么？

5. 农机作业合同中违约责任包括哪些？

6. 农机作业合同中双方的责任和义务是什么？

项目 2

认知农机跨区作业

【项目描述】

农机跨区作业在优化农机装备结构、提升农机化作业水平、促进劳动力转移、增加机手收入、拓宽农民就业渠道、推进农机服务业等方面发挥了重要作用，但在发展过程中也出现了农机部门的管理力度不够、中介组织服务形式转变不够灵活、组织化程度不高、散机扰乱农机作业市场、“拦机、截机”现象时有发生、出现纠纷得不到公平解决等问题。

此项作业的目的就是通过农机跨区作业介绍，认知农机跨区作业发展、存在问题和对策建议，认知农机跨区作业社会经济效益，进而解决实际问题。

本项目分为认知农机跨区作业、农机跨区作业服务共 2 个工作任务。

通过本项目的训练，认知农机跨区作业等工作内容；熟悉农机跨区作业发展、存在问题和对策建议；掌握农机跨区作业社会经济效益和服务；培养学生认真严谨踏踏实实的工作态度以及同学间沟通协作能力。

任务 1　认知农机跨区作业

【任务目标】

1. 了解农机跨区作业的发展概况。
2. 掌握农机跨区作业经济社会效益。

【任务准备】

一、资料准备

与本任务相关的教学资料；课前收集的农机跨区作业图片或者视频资料；任务评价表。

二、知识准备

农机跨区作业在优化农机装备结构、提升农机化作业水平、促进劳动力转移、增加机收收入、拓宽农民就业渠道、推进农机服务业等方面发挥了重要作用，但在发展过程中也出现了许多问题。所以要规范跨区作业，建议政府重视，搞好协调；发挥农机管理部门的职能作用；拓宽中介组织的服务范围；搭建农机跨区作业信息平台；大力开展农机保险，解除机收后顾之忧，以加快社会主义新农村建设。

(一)农机跨区作业概述

农机跨区作业，即利用不同地区小麦、水稻等农作物成熟的时间差，组织联合收割机开展跨区域流动收获作业服务。它是中国农村实行家庭联产承包责任制，农民在生产实践中创造的一种新型农机社会化、专业化和市场化服务模式。农机跨区作业的发展，解决了农业机械化与小规模经营不相适应矛盾，解决了农业劳动力季节性、局部性短缺的问题，探索出一条中国特色的农业机械化道路。全面总结分析农机跨区作业的发展历程和发展趋势，将对加快我国农业机械化发展具有重要的意义。

(二)农机跨区作业发展历程

农机跨区作业的发展历程，大致分为三个阶段：

1. 初级发展阶段(1996 年以前)

其主要特点是：农机跨区作业是农民的自发行为，参加的机具少、规模小，一般只在省内流动作业。农民主要利用自己已有联合收割机进行跨区机收小麦。主要目的是提高机具的利用率，农机跨区作业市场还处在探索起步阶段。1995 年仅有约 8 000 台联合收割机在山西、陕西、河北、河南等部分省内开展流动的小麦机收作业。

2. 行政推动阶段(1996—1999 年)

其主要特点是：农机跨区作业主要由各地农机管理部门组织实施，并得到了地方政府和国家有关部门的大力支持，小麦跨区机收的覆盖范围扩大到全国，参加跨区作业的联合收割机迅速增加，小麦机收作业水平迅速提高，小麦机收作业市场呈现供不应求的态势，机车的效益普遍较高。

3. 行政推动与市场拉动全面推进阶段(2000 年至今)

主要特点是：各种类型的跨区作业中介服务组织应运而生，跨区作业由政府组织转向市场化运行，组织管理工作逐步规范化。跨区作业由小麦向水稻等其他农作物延伸。2000 年农业部颁布实施了《联合收割机跨区作业管理暂行办法》，对跨区作业的组织管理、信息服务、作业质量等方面做出了规定。跨区作业的组织者由单一的农机管理部门发展为社会中介组织、经纪人共同参与，农机管理部门逐步淡出跨区作业的具体组织工作，转而对跨区作业市场进行规范化管理。由于跨区作业机具的增多，部分地区的跨区作业市场相对饱和，跨区作业小麦的边际收益下降，跨区作业开始由小麦向水稻、玉米、马铃薯等其他农作物延伸。十几个粮食主产省每年组织 30 余万台联合收割机转战大江南北，不仅增加了机收的效益，推进了农业机械化，还保证了我国小麦、水稻等粮食作物的按时收获，提高了农业劳动生产率。

目前，我国跨区作业市场正处于发展和完善时期，小麦跨区作业市场逐步走向规范化，水稻跨区作业市场正处于发展和完善时期，玉米跨区作业市场正在启动，跨区作业组织和与相关的机械经销、推广、培训、维修和中介等服务组织也在发展之中，产业链逐步延长，作业公司、农机作业中介公司、跨区作业服务协会及合作社等一些新型的组织形式应运而生，跨区作业服务已经呈现出了产业化的雏形。

(三)跨区作业存在的问题

农机跨区作业的发展正处于快速发展时期，仍有一些很多影响到跨区作业的深层次问题需要关注，主要是：

(1)农机农艺结合紧密程度有待提高。特别是玉米的种植制度复杂多样，十分不利于玉米收割机的推广，一味强调农机服从农艺就需要设计、生产出多种机型，毫无经济效益可言，产品也不会有市场，更谈不上实现农机产品质量提高和技术升级。

(2)由于农民对市场把握能力相对较差，投资理性有待引导、培育。保持联合收割机保有量和需求量相对平衡，是保证机收收益、推动作业市场平稳发展的关键。由于农民对市场供求总体形势把握能力有限，如不加以及时有效引导，将会引起局部地区过剩，影响农机收效益，影响作业市场发展，从而也会影响农民种粮积极性。

(3)农机产品质量有待提高。调查中发现，稻麦联合收割机部分产品存在种种质量问题，玉米联合收割机质量问题更为突出，严重影响了农机户的利益。目前参加跨区作业的农机户大多举债投资在农机上，而跨区作业季节性强，如果农机质量存在问题，会严重影响农机户的经济收益、打击农机户从事农机作业社会化服务产业的积极性，并且容易造成社会问题。

(4)跨区作业组织化程度还有待提高。目前"农机散户＋村经纪人＋农民"仍然是主要组织模式，成本较低、效率较高、承担风险能力较强的"农机户＋农机合作社(＋目的地乡镇农机主管部门)＋村经纪人＋农民"模式、"农机作业公司(＋农机散户)＋村经纪人＋农民"和"农机大户＋农机散户＋村经纪人＋农民"所占比例还有待提高。

(5)作业信息事前发布、事后统计的精度、时效性不够。由于各地受到工作条件和手段限制，一些地方收集发布作业信息，跟踪跨区作业进度的能力不够，适合农机收接受信息的方式不多，农民对信息的利用差异较大，在一些地区、一些时段，仍然存在机具盲目流动现象。

(6)机耕道、耕地平整与重划等基本建设滞后。目前南方水稻主产区，地形条件较差，机耕道缺乏严重制约跨区作业；同时，农田不平整、细碎分散等问题也制约了跨区作业。

(四)对策建议

针对以上问题，政府和相关部门需继续完善有关法规，制定相关政策，加大监督管理力度，加强服务和协调，重点采取以下五项措施：

1. 尊重市场，完善管理

坚持免费发放跨区作业证，充分尊重市场规律，营造良好市场环境。进行跨区作业的联合收割机、运输联合收割机(包括插秧机)的车辆，凭跨区作业证免交车辆通行费。联合收割机、拖拉机可在除高速公路以外的道路上行驶。积极发挥农机专业合作组织、农机协会和农机大户等农机社会化服务组织的作用，组织联合收割机、拖拉机、插秧机等农业机械组队进行跨区作业，提高农机跨区作业的组织化程度。加强农机市场监管，强制实行问题产品召回制度。做好部门间沟通协调，密切注意作业期间天气变化和作业市场供求状况，加强机具调度，强化作业市场的宏观引导与调控，推动机具合理有序流动。建立农机保有量预警机制，加强宏观引导，既保证农业生产，又保证农机户的经济效益。

2. 精心组织，优化服务

各地要切实做好服务工作，不断推动农机跨区作业健康发展。一是开展信息服务。二是组织好检修服务。三是做好接待服务。四是开展技术服务。五是做好作业信息统计。

3. 协调配合，保证供应

要充分认识保证农业用油供应对农业生产的重要性，切实做好农机作业期间的成品油供应工作。各地农机、发展改革部门和石油、石化销售企业要加强沟通协作，把握农业用油的需求特点，结合市场供需形势及经营计划安排，及时组织成品油资源，增加重要农时季节和用油集中地区的资源投放，保证农忙季节农机用油。

4. 周密安排，保障安全

农机跨区作业期间是农机事故的多发期。农机、公安等部门要制定应急预案，提高预防、控制农机跨区作业突发性事件的应急处理能力。各级农机管理部门要加强农机驾驶员和辅助作业人员的技术培训和安全生产教育，提高驾驶操作技术水平和安全生产意识。加强对农机跨区作业的安全生产督察，预防重特大事故发生。公安交通管理部门要对农机跨区作业期间的重点地区、重点路段加强管理，维护道路交通秩序，及时处理农机发生的道路交通事故。交通部门要加强公路养护巡查，保证路况良好、畅通。各地公安、农机部门对辖区内发生的作业纠纷、事故，接到报告后，要按照各自职责，及时赶赴现场协调处理。

5. 加强领导，促进发展

国家发改委、公安部、交通部、农业部和中国石油化工集团公司、中国石油天然气股份有限公司等“全国跨区机收小麦工作领导小组”成员单位，要紧密配合，通力协作，各司其职，加强对全国农机跨区作业的组织、实施和管理等工作。要紧紧围绕重要农时、重点作物和关键生产环节，建立沟通协调机制，定期召开联席会议，努力做好组织、协调、服务等各项保障工作。

农机跨区作业，是推进我国农业机械化发展的重要途径。各级农机管理部门要进一步扩大农机跨区作业的规模、范围和领域，进一步完善发展机制，优化发展环境，增强发展后劲，推动农业机械化又好又快发展，促进农业稳定发展、农民持续增收和农村和谐稳定。

(五)农机跨区作业经济社会效益

1. 增加了农机户收入

农机跨区作业使农机服务市场扩大到全国，机收获得了全国各地作业机会，扩大了作业量，提高了机具的利用率，显著增加了收入。如果不参加跨区作业，1 台联合收割机在当地作业时间一般是 5～7 d，其余时间闲置。参加跨区作业则能大幅度提高利用率，收获季节选择两个以上作业地点，能将作业时间延长到 20～30 d，高性能联合收割机的有效作业时间甚至能长达 50 d 以上。1 台联合收割机参加跨区作业一年毛收入一般都在 3 万多元，比只在本地作业的收入增加了 2 倍以上，高性能联合收割机收入大多数达到了 10 万元以上，广大农民把参加跨区作业的联合收割机形象地称为流动的“致富工厂”。

2. 节约了农业生产成本

据湖北省荆州市农机局的调查，“三夏”大忙季节，劳力不够的农村家庭一般需要雇请“麦客”，管吃管住，酒水招待，人工收割一亩小麦需要 50 元左右，而用福田谷神-2000 型自走式联合收割机收割小麦平均每亩机收作业收费 27 元，可比人工收获少投入 23 元。人工收割一亩水稻的费用 70 元左右，而用联合收割机收割平均每亩收费 40～60 元，可比人工收获少投入 20 元左右(表 9 1)。显著的节支效果，为联合收割机跨区作业创造了巨大的需求市场，反过来拉动了跨区作业的发展。

表 9-1 人工收获与联合收割机收获情况比较表

		理论产量/(kg/亩)	作业工效/h	损失率/%	破碎率/%	清洁率/%	作业收费/(元/亩)
福田谷神—全喂入自走式	人工收获	192(小麦)	29	6		95	50
	机械收获	192(小麦)	0.2	1.3		96	27
	结果比较	—	−28.8	−4.7		+1	−23
新疆-2 型全喂入自走式	人工收获	630(水稻)	35.2	8.3	2	95	65
	机械收获	630(水稻)	0.2	2.8	4.5	96	40
	结果比较	—	−35	−5.5	+2.5	+1	−25
洋马人民 Ge-1 型半喂入自走式	人工收获	602(水稻)	36	8.2	2.2	96	75
	机械收获	602(水稻)	0.17	1	0.2	98	60
	结果比较	—	−35.83	7.2	2	+2	−15

3. 增强了农业综合生产能力

与人工收割相比，联合收割机收割效率高、成本低，能减少粮食在收获过程中的损失和浪费，节省人工收获费用，降低农业生产成本。根据安徽、湖北、陕西等省农机管理部门的对比试验，手工收获小麦、水稻一般要经过收割、捆绑、装运、碾打和清选 5 道工序，自然损失率一般为 15%～20%，而联合收割机能将 5 道工序一次完成，损失率在 8%左右，比手工收获能减少总损失约 8%。

4. 巩固了家庭联产承包责任制

随着农业劳动力的转移和老龄化加剧，目前我国农业劳动力已经开始出现结构性、季节性、区域性短缺的现象，进而带来了粮食安全问题的隐患。而跨区作业有效促进了农业机械化的发展，大大提高了农业劳动生产率，弥补了由于农业劳动力绝对数量的下降而导致的生产能力损失，保障了粮食安全。与此同时，跨区作业的出现，有效解决了农业机械化大生产和我国农户经营小规模的矛盾，使得家庭联产承包责任制得到了进一步巩固。

【任务实施】

一、学生分组，4～5 人一组，就课前准备的农业跨区作业相关知识点进行讨论。

1. 首先根据课前收集的相关资料，小组内对农机跨区作业的认知进行简要讨论，得出小组内讨论结果。

2. 小组内讨论完毕，每组选出一名代表汇报讨论结果，再进行组间讨论，对于农机跨区作业发展、存在问题和对策建议得出讨论结果，然后由任课教师进行相关指导，全面了解农机跨区作业相关内容。

二、教师展示农业跨区作业相关图片或视频资料，学生进一步讨论并回答以下问题：

1. 农机跨区作业的内容有哪些？

2. 农机跨区作业经历哪几个阶段？

3. 农机跨区作业存在的问题包括哪些方面？

4. 根据目前跨区作业存在的问题，解决问题的措施以及建议有哪些？

【任务评价】

针对项目实施中的一、二部分，在实施过程中，针对不同的内容，进行小组间评价，指导教师对每组讨论的结果进行指导，最后概括总评，得出正确答案。任务评价表，见附录。

【任务巩固】

1. 简述农机跨区作业的内容。

2. 农机跨区作业经历哪几个阶段？

3. 农机跨区作业存在的问题包括哪些方面？

4. 根据目前跨区作业存在的问题，解决问题的措施以及建议有哪些？

5. 农机跨区作业取得显著经济效益的四个方面有__________、__________、__________和__________。

6. 简要分析为什么农机跨区作业会对农户和农机户带来经济效益。

任务 2　农机跨区作业服务

【任务目标】

1. 了解农机跨区作业的管理办法。

2. 掌握农机跨区作业服务内容。

【任务准备】

一、资料准备

与本任务相关的教学资料；课前收集的农机跨区作业图片或者视频资料；任务评价表。

二、知识准备

联合收割机跨区作业是指驾驶操作各类联合收割机跨越县级以上行政区域(邻县除外)进行小麦、水稻、玉米等农作物收获作业的活动。国家和政府各部门加强联合收割机跨区作业管理，规范跨区作业市场秩序，维护参与跨区作业各方的合法权益，保证农作物适时收获，促进农民增收和农业现代化建设。各级农机管理部门应当在本级人民政府统一领导下，会同公安、交通、物价、工商等有关部门，依法采取有效措施，保障跨区作业顺利进行。

(一)农机跨区作业中介服务组织

跨区作业中介服务组织经县级以上农机管理部门审核认定，取得跨区作业中介资格后，方可从事跨区作业中介服务。跨区作业中介服务组织应当具备以下条件：遵守和执行国家及地方有关跨区作业的法律、法规、政策；能够独立承担民事责任；具有相应的交通、通信等服务设备和技术服务人员。跨区作业中介服务组织根据市场的需求，可以组建若干跨区作业队，组织联合收割机和驾驶员从事跨区作业。

跨区作业中介服务组织负责统一联系作业任务，保证联合收割机安全转移，及时协调解决作业纠纷，协助做好联合收割机的维修和油料供应等服务。参加跨区作业队的联合收割机及驾驶员应服从跨区作业中介服务组织的管理和调度。跨区作业中介服务组织应当与联合收割机驾驶员签订中介服务合同，明确双方的权利和义务。

跨区作业中介服务组织收取的服务费，按照当地省级价格主管部门的规定执行。尚未制定服务费标准的，由跨区作业中介服务组织和联合收割机驾驶员按公平、自愿的原则商定。严禁只收费不服务或多收费少服务。

跨区作业的供需双方应当签订跨区作业合同，合理确定引进或外出联合收割机的数量和作业任务。跨区作业合同签订后，应当分别报当地农机管理部门备案。跨区作业合同一般包括以下内容：联合收割机数量和型号、作业地点、作业面积、作业价格、作业时间、双方权利和义务以及违约责任等。

（二）农机跨区作业管理

从事跨区作业的联合收割机，应由机主向当地县级以上农机管理部门申领《联合收割机跨区收获作业证》（以下简称《作业证》）。《作业证》实行免费发放，逐级向农业部登记备案。申领《作业证》的联合收割机应当具备以下条件：具有农机监理机构核发的有效号牌和行驶证；参加跨区作业队；省级农机管理部门规定的其他条件。不得对没有参加跨区作业队的联合收割机发放《作业证》，不得跨行政区域发放《作业证》。《作业证》由农业部统一制作，全国范围内使用，当年有效。《作业证》应随机携带，一机一证，严禁涂改、转借、伪造和倒卖。严禁没有明确作业地点、没有《作业证》的联合收割机盲目流动，扰乱跨区作业秩序。

联合收割机驾驶员应熟练掌握联合收割机操作技能，熟悉基本农艺要求和作业质量标准，持有农机监理机构核发的有效驾驶证件。联合收割机驾驶员必须按照国家及地方有关农机作业质量标准或当事人双方约定的标准进行作业。当事人双方对作业质量存在异议时，可申请作业地的县级以上农机管理部门协调解决。

联合收割机及驾驶员、辅助作业人员应严格按照《联合收割机及驾驶员安全监理规定》的要求进行作业，防止农机事故发生，做到安全生产。跨区作业期间发生农机事故的，应当及时向当地农机管理部门报告，并接受调查和处理。

任何单位和个人不得非法上路拦截过境的联合收割机，诱骗、强迫驾驶员进行收割作业。跨区作业队在公路上长距离转移时，要统一编队，合理安排路线，注意交通安全，遵守道路交通管理法规，服从交警指挥，自觉维护交通秩序。各级农机管理部门应当建立安全生产检查制度，加强安全生产宣传教育，纠正和处理违章作业，维护正常的跨区作业秩序。

（三）农机跨区作业服务

县级农机管理部门应根据农时季节在本县范围内设立跨区作业接待服务站，公布联系方式和工作规范，掌握进入本辖区联合收割机的数量和作业任务，做好有关接待和服务工作，保障外来跨区作业队的安全和合法权益。

各级农机管理部门负责组织协调有关单位做好联合收割机的维修和零配件、油料的供应工作,严禁假冒伪劣的农机零配件和油料进入市场。各级农机管理部门应当建立跨区作业信息服务网络,建立跨区作业信息搜集、整理和发布制度,及时向农民、驾驶员和跨区作业中介服务组织等提供真实、有效的信息。县级农机管理部门负责对本辖区内的跨区作业信息进行调查和统计,逐级报农业部。

跨区作业信息包括农作物种植面积、收获时间、计划外出(引进)联合收割机数量、作业参考价格、农作物收获进度、农机管理部门的服务电话等内容。全国跨区作业信息由农业部在中国农业机械化信息网和有关新闻媒体上发布。地方跨区作业信息由当地农机管理部门负责发布。各级农机管理部门应当设立跨区作业服务热线电话,确定专人负责,接受农民、驾驶员的信息咨询和投诉。

(四)农机跨区作业奖励与处罚

各级农机管理部门对在跨区作业的组织、管理和服务工作中做出显著贡献的有关单位和个人,给予表彰和奖励。没有取得跨区作业中介资格从事跨区作业中介服务的,由县级以上农机管理部门给予警告,可并处 500 元以上 1 000 元以下的罚款。

跨区作业中介服务组织没有兑现服务承诺的,由县级以上农机管理部门责令退还服务费;违反有关收费标准的,由县级以上农机管理部门配合价格主管部门依法予以查处。

违规发放《作业证》的,由上级农机管理部门责令停止违法行为,给予通报批评;情节严重的,对直接负责的主管人员和其他直接责任人员,可以依法给予行政处分。

持假冒《作业证》或扰乱跨区作业秩序的,由县级以上农机管理部门责令停止违法行为,纳入当地农机管理部门统一管理,可并处 50 元以上 100 元以下的罚款;情节严重的,可并处 100 元以上 200 元以下的罚款。

非法上路拦截过境联合收割机及驾驶员的,由事件发生地的农机管理部门采用说服教育的方式予以制止。砸抢机车、拦劫敲诈驾驶员的,移送公安机关依法惩处。

【任务实施】

一、学生分组,4～5 人一组,就课前准备的农业跨区作业服务相关知识点进行讨论。

1. 首先根据课前收集的相关资料,小组内对农机跨区作业的中介服务组织进行简要讨论,得出小组内讨论结果。

2. 小组内讨论完毕,每组选出一名代表汇报讨论结果,再进行组间讨论,对于农机跨区作业管理、服务、奖励和惩罚得出讨论结果,然后由任课教师进行相关指导,全面了解农机跨区作业相关内容。

二、教师展示农业跨区作业服务相关图片或视频资料,学生进一步讨论并回答以下问题:

1. 简述联合收割机跨区作业的概念。

2. 简述农机跨区作业管理内容。

3. 简述农机跨区作业的奖励和惩罚。

【任务评价】

针对项目实施中的一、二部分,在实施过程中,针对不同的内容,进行小组间评价,指导教师对每组讨论的结果进行指导,最后概括总评,得出正确答案。任务评价表,见附录。

【任务巩固】

1. 简述农机跨区作业的中介服务组织。
2. 什么是联合收割机跨区作业？
3. 农机跨区作业的管理内容有哪些？
4. 农机跨区作业的服务内容是什么？
5. 农机跨区作业奖励和惩罚内容有哪些？

附录　任务评价表

姓名		任务名称				
评价项目	分值	评价内容、评价标准	自评 30%	互评 30%	教师 40%	得分
专业知识	40分					
任务完成情　况	40分					
职业素养	20分					
评语总分	总分：	教师：	年　月　日			

参考文献

[1]李问盈.农机运用与管理.北京:中国农业出版社,2011.

[2]单思诚.农机科技运用与管理.北京:阳光出版社,2011.

[3]乔金友,张新植.农业机械管理.黑龙江:黑龙江科学技术出版社,2008.

[4]智刚毅.农机操作人员培训教材. 北京:中国农业大学出版社,2014.